散歩で見る

草木花の雑学図鑑

金田洋一郎
Youichirou Kaneda

実業之日本社

■ 花のつくり

*植物用語については p.4〜5 の植物用語解説をご参照ください。

花のつくり

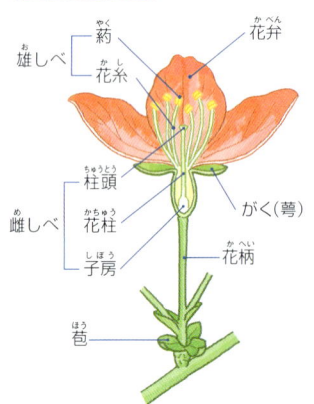

キク科の花の形

キク科の花は頭花といって、筒状花のみの花、舌状花のみの花、筒状花と舌状花の両方がついている花があります。

キツネアザミのように筒状花だけでできている花

タンポポのように舌状花だけでできている花

コスモスやヒマワリのように筒状花と舌状花の花がついている花

花の形

十字形

漏斗形

スイセン形

蝶形

釣鐘形

壺形

唇形

ラン形

カップ形

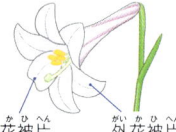
ユリ形

スミレ形

アヤメ形

■葉のつくり

葉のつくり

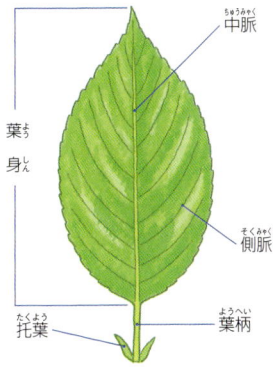

葉のつき方

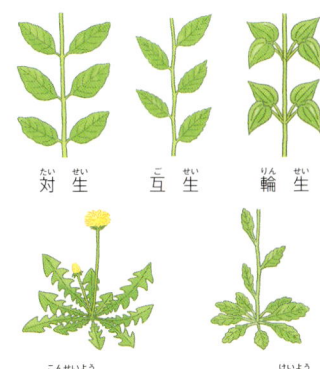

対生　　互生　　輪生

根生葉のみ　　根生葉と茎葉

茎へのつき方

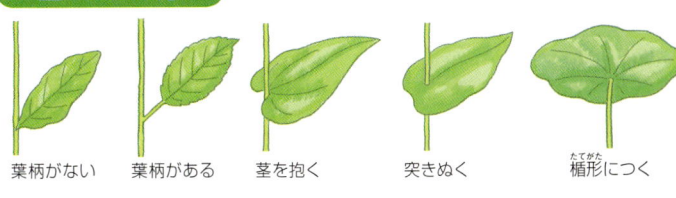

葉柄がない　　葉柄がある　　茎を抱く　　突きぬく　　楯形につく

葉の形と呼称

楕円形　　卵形　　へら形　　披針形　　円形　　ハート形（心臓形）

スペード形　　腎臓形　　細長い葉　　羽根形　　羽根形　　矢じり形　　手のひら形

「植物用語」の解説

本書では、わかりやすい表現を心がけ、なるべく専門的な植物用語は使用しないようにしていますが、どうしても使わざるをえない用語が多少ありました。以下はその用語・解説の一覧です。

一日花（いちにちばな）開花したその日のうちにしぼんでしまう花

羽状（うじょう）1枚の葉が鳥の羽のように切れ込むこと

園芸種（えんげいしゅ）いくつかの植物をかけあわせて観賞価値を高めたり栽培しやすいように改良した植物を園芸種という

外花被片（がいかひへん）花びらが2重になっていて互いに区別がつかないとき、外側にある花びらのこと。内側のものは内花被片（ないかひへん）

花冠（かかん）1つの花の花びら全体

萼片（がくへん）花の外側にあるものが萼で、萼の1つ1つを萼片という。花弁と区別できるものと、花弁のように見えるものとがある

花茎（かけい）地下茎や根から直接出て伸び、葉をつけず、花をつける茎。チューリップやタンポポなど

花序（かじょ）茎への花のつき方・配列様式。花軸（＝茎）上の花の並び方

花穂（かすい）花が稲穂のように、長い小さな花が集まり、円錐状や円柱状になっている花序

花被片（かひへん）萼と花弁をまとめて花被といい、個々を花被片という

花房（かぼう）1カ所に房のようになって咲く花

株元（かぶもと）植物全体を指して株といい、株の基部付近を株元という

基部（きぶ）茎は地面に近い部分、葉は葉先の反対側で基のほうをいい、葉柄は茎についている部分、花弁は花柄に近い基の部分

距（きょ）花びらや萼の付け根にある突起部分。内部に蜜をためて昆虫を誘うことが多い

鋸歯（きょし）葉のふちにあるぎざぎざの切れ込み

グラウンドカバー 植物で地表を覆うことで、植える植物をグラウンドカバープランツといい、草丈の低い植物で、頑丈な性質の植物が用いられる

茎葉（けいよう）茎から出ている葉のこと。根生葉（後出）とは形が違うことが多い

結実（けつじつ）雌しべが花粉を受けて受粉し、子房が肥大して実とタネができること

原種（げんしゅ）栽培種のもととなる種類や園芸品種のもとになった野生種を原種という

交雑（こうざつ）遺伝的に異なる系統や品種などの間で交配を行うこと

高性種（こうせいしゅ）その品種の中で背が高くなる性質を持つ種類のこと。ちなみに、低くなる性質を持つ種類のことは「矮性種」（後述）という

互生（ごせい）葉が互い違いにつくこと

根茎（こんけい）根に似て地中を這い、節から根や芽を出す地下茎

根生・根生葉（こんせい・こんせいよう）根際から葉が出ていること。ただし、根そのものから葉が出ることはない

咲き分け（さきわけ）1株の草や樹に、色の異なる花が咲くこと

莢（さや）マメ科の植物の種を包んでいる殻

地際（じぎわ）植物が生育しているとき土と接している付近で、株元の地面の境目

蛇の目（じゃのめ）ヘビの目（＝「蛇の目」）

のような同心円を基調にした模様が入った花で、地色と異なる色が1つ、また2つ入るものなどがある。

雌雄異株（しゆういしゅ）雌花だけが咲く雌株と雄花だけが咲く雄株の区別があること

種間雑種（しゅかんざっしゅ）異なる種や属の間の雑種をいう

掌状（しょうじょう）手のひらを広げたような形の葉をいう

小葉（しょうよう）複葉についている1枚1枚の葉のこと。「小さい葉」という意味ではない

条（すじ）斑入り植物で、葉に縞の斑が縦に入るものをいい、縞斑や条斑とよんでいる

装飾花（そうしょくか）アジサイの中性花のように大形で美しく目立つ花

総苞（そうほう）花の基部を包んでいる、小さいうろこ状の苞の集まり

対生（たいせい）二枚の葉が向かい合ってつくこと

多肉質（たにくしつ）葉や茎、根の一部に水分や養分が蓄えられるように分厚くなったり太くなったりする性質

単葉（たんよう）葉全体が一枚の葉身（葉の本体）からなる葉。⇔複葉

丁子咲き（ちょうじざき）花の中心部が半球状に盛り上がる咲き方

蔓性（つるせい）植物の茎で、自らは立つことができず、長く伸びて地上を這ったり、ほかの物に巻きついてよじ登ったりするもの

一重咲き・八重咲き（ひとえざき・やえざき）花弁の数は植物の種ごとに決まっていて、本来の数のものを一重咲き、本来の数より多いものを八重咲きという。ふつう八重咲きといった場合、花びらが数多く重なって咲くことを意味している

斑（ふ）その葉のもともとの色（例えば緑色）の一部が外的または遺伝的要因によって変色すること。斑ができた葉を「斑入り葉」と呼ぶ

風媒花（ふうばいか）風により花粉が運ばれて雌しべにつき、受粉が行われる花をいい、花粉症を引き起こすことでも知られる

副冠（ふくかん）スイセンの花のように、のどの部分に杯形のものがついていて花冠のように見える。これが副冠で副花冠ともいう

複葉（ふくよう）葉身が二枚以上の小葉からなる葉⇔単葉

苞（ほう）花や芽を包むようにつく葉の変形したもので、葉と変わらないものや色づいて花のように美しいものがある

匍匐性（ほふくせい）地面を這うように植物が生長する性質

ムカゴ（むかご）多肉で球状の芽。珠芽、肉芽ともいう

無茎種（むけいしゅ）スミレやクリスマスローズなどの仲間で、葉と花茎が根元から別々に出て茎がないように見えるタイプ

有茎種（ゆうけいしゅ）スミレやクリスマスローズなどの仲間で、茎が長く伸びて茎に葉や花をつけるタイプ

葉柄（ようへい）葉の一部で、葉身と茎の間にある細い柄

翼（よく）茎や葉柄などの縁に張り出している翼状の平たい部分。ひれともいう

ランナー　親の株からでる細い茎で、地面を這うように伸び、発根して子株をつくる

ロゼット　根生葉が地面に平たく放射状に広がっている様子をいう

矮性種（わいせいしゅ）その植物の標準的な大きさに比べて草丈が低い種類のこと

まえがき

　本書は、植物の分類学的な解説や栽培法の解説を目的としたものではありません。散歩で見かける草木花それぞれについての基本的な解説と、古今東西の伝承的・逸話的な話によって構成したポケット図鑑です。

　名前の由来や、花言葉、日本への渡来年代などについては、諸説があるものも多く、後世にそれらしく作出されたものもあります。そのため、本書でご紹介した話は、科学的・民俗学的に検証されたものではなく、真偽がはっきりしていない話も含まれていることをご了承ください。また、紙幅の関係で書きつくせなかったことが多々あることもご了承ください。なお、文中の敬称は略しました。

　本書が、読者の皆様がさらに植物に興味をもたれる一助になれれば幸いです。

金田洋一郎

本書の使い方

❶ 花言葉：善良で陽気、豊かな愛、勤勉、実直
❷ 季語：春
❸ アカツメクサ
Trifolium pratense
❹ 夏

赤紫色の球形の花が可愛らしい

シロバナアカツメクサ

ムラサキツメクサともいい花色が名の由来

語季の季節が異なることがある。なお、季語としてとりあげられていない植物には、「なし」と記している。

❺解説文
名前の由来やその植物にまつわるエピソードなど、植物がより一層身近に感じられ楽しくなるような情報を紹介し、あわせて植物の形や性質、見分け方なども示した。

❻データ
【花の色】その植物の主な花色を示すが、花色には濃淡があり微妙な色合いが正確に表示できないため、あくまでも目安としたもの。なお、「✣」は1つの花に2色以上の色がつくものを表す。
【科名】一般的に認知されている科名を記し、可能な限り旧科名を併記している。
【別名】花名に使用した植物名以外で、よく使用される名前。
【漢字表記】和名の一般的な漢字表記。

❶花名(植物名)
一般的によく使われている名前で紹介。

❷学名
学名はラテン語で表記される世界共通の名前で、属名と種小名が組み合わせで1つの植物を表す。属名は植物を仲間で分けるときの小さなグループ、種小名はその植物の特徴を表すもの。

❸花言葉
植物にまつわる神話や伝説、その生態などからつけられたもので、英国で発表されたものを主に記載した。

❹季語
従来の歳時記の植物に分類されるものに、現代的視点でとらえられた新季語も加えている。歳時記では季節を、春は立春から立夏の前日まで、夏は立夏から立秋の前日まで、秋は立秋から立冬の前日まで、冬は立冬から立春の前日までと区分することから、実際の植物の開花期と

【分布】その植物の主な原産地と野生する地域。外国に及ぶ場合はその概要も示した。
【分類】芽生えてから実を結ぶまでが1年以内で、その後枯死するものを1年草、1年草の中で冬を越すものを越年草、2年以上生きて2回以上花を咲かせるものを多年草とし、樹木はその木の形態を示す。

❼写真(大、小)
大はメインになる植物の全体像を、小は花や葉、果実、花色の異なる品種や関連種などを紹介した。

❽ジャンルのツメ検索・掲載順
春、夏、秋・冬と季節ごとにわけ、季節の中では庭の花、樹木、野草の順で、50音順に掲載した。

❾花期ツメ検索
1〜12月までのツメで、花の咲く時期に色を付けた。

イラストで見る花と葉のつくり	2
本書に出てくる「植物用語」の解説	4
まえがき	6
本書の使い方	7
散歩で見かける草木花　春	9
散歩で見かける草木花　夏	123
散歩で見かける草木花　秋・冬	241
さくいん	300

春

アイスランドポピー
Papaver nudicaule

●花言葉：慰め、忍耐、気高い精神
●季　語：なし

1759年に北極探検隊によりシベリアで発見された。和名のシベリアヒナゲシはここから。英名もアイスランド共和国とは関係なく、「アイスランド(氷の大地)」から名付けられた。多くの花色の園芸種が作出され、千葉県南部の観光花畑では早春から見かける。つぼみのときは下を向いているが、やがて上を向き、4枚の薄紙で出来たような花がカップ状に開く。花茎に葉がつかないのが特徴。全体にアルカロイドを含み有毒。

●花の色：●●●●○
●科　名：ケシ科
●別　名：シベリアヒナゲシ
●分　布：シベリア、中国北部
●分　類：越年草

花期
1
2
3
4
5
6
7
8
9
10
11
12

単にポピーとも呼ばれる早春の花

花茎に葉がつかないのが特徴

薄紙のような花弁にしわがある

10

アネモネ

春

Anemone coronaria

- ●花言葉：はかない恋、恋の苦しみ、期待
- ●季　語：春

よく見かけるのはコロナリア種かブランダ種で、コロナリア種は園芸品種が多く、ブランダ種は原種で野性味がある。アネモネはギリシャ語のアネモス（風）に由来した名で、イギリスでは「風の花 wind flower」と呼ぶ。花の女神フローラの侍女のアネモネは、西風の神ゼフルスに愛されたが、自分が愛されていると思っていたフローラによって追放され、それを哀れと思ったゼフルスがアネモネを花に変えたという伝説がある。

- ●花の色：●●●●○✻
- ●科　名：キンポウゲ科
- ●別　名：ハナイチゲ、ボタンイチゲ
- ●分　布：地中海沿岸
- ●分　類：球根（塊茎）植物

花色が豊富なコロナリア種

茎の先に1つ花を開く

野草のような素朴な風情のブランダ種

花期: 2-5

春

アリウム
Allium

- 花言葉：深い悲しみ、優しい、くじけない、正しい主張
- 季　語：なし

名は学名の音読みで、alliumはラテン語のニンニクの意味。葉や茎をつぶすとネギ臭がある。花が咲く前のつぼみ全体が2枚の薄い膜状の苞に包まれているのが特徴。北半球には450種以上があり、野菜のネギやタマネギ、ニンニクなども同じ仲間だが、園芸用の種の総称としてアリウムといっている。草丈が10cmから150cm以上になるものもあり、人気のギガンチウム種は大型種の代表。花は小さな花が球形に密集して咲くものが多い。

- 花の色：●●●○
- 科　名：ネギ科（ユリ科）
- 別　名：ハナネギ
- 分　布：ヨーロッパ、アジア、北アメリカ、北アフリカ
- 分　類：球根

花期: 5, 6

花茎が1m以上になるギガンチウム種

花形は小さな花が密について球形になる

黄花をつける小形のモーリー種

- ◉花言葉：未来への憧れ、機敏、持続、エキゾチック、幸福な日々
- ◉季　語：なし

アルストロメリア
Alstroemeria

春

アンデス山脈の寒冷地に原種が50種ほど自生する。リンネが1753年採種し、名前に親友のスウェーデンの植物学者アルストロメーア男爵の名をつけたと言う。日本には大正時代末に導入されたが、あまり普及しなかった。最近、日本の気候に合う品種が作成され、花壇などでよく見かけるようになった。花弁にすじ状の模様が入るのが特徴だったが、最近は模様の無い品種がつくられ、人気が高まっている。花持ちがよく切花にもよい。

- ◉花の色：●●●●●○✤
- ◉科　名：アルストロメリア科（ヒガンバナ科）
- ◉別　名：ユリズイセン、インカ帝国のユリ
- ◉分　布：南アメリカ
- ◉分　類：宿根草

花壇で楽しめるものも多い

花は左右対称に開く

ガーデンアルストロメリア

花期
1
2
3
4
5
6
7
8
9
10
11
12

13

春

アルメリア
Armeria

- 花言葉：思いやり、同情、可憐、共感
- 季　語：春

アメリカ、ヨーロッパを中心に80種ほどの原種がある。日本には明治中期に導入された。アルメリアはケルト語で「海の近く」という意味。花壇などでよく見かけるのは花茎が50cmほどになる大型のプランタネギア種、20cmほどの小型のマリティマ種が多い。密集した細い葉の間から花茎を出し、先に小さい花を密集させて咲かせる。花の姿がカンザシに似て、浜辺など乾燥地に育つので、ハマカンザシの別名がある。高温多湿には弱い。

- 花の色：●●●○
- 科　名：イソマツ科
- 別　名：ハマカンザシ、マツバカンザシ
- 分　布：ヨーロッパ
- 分　類：常緑宿根草

花期 1 2 **3 4 5** 6 7 8 9 10 11 12

花壇でよく見かけるマリティマ種

高性種のプランタギネア種

髪に飾るかんざしのような花が咲く

イチハツ

Iris tectorum

春

- ●花言葉：知恵、使者、火の用心
- ●季　語：夏

中国原産で観賞用に室町時代に渡来した。属名のIrisは「虹」の意味。小種名のtectorumは「屋根の、屋根に生える」の意味。日本でも昔は藁葺き屋根に植え、根で屋根の締め付けや火事・台風よけのまじない、鑑賞にした。水戸光圀の別荘、西山荘の屋根のイチハツは有名。名前は、アヤメ類の中で一番先に咲くので「一初」から。他のアヤメ属との区別は、外花被片に濃紫色の斑点が散らばり、基部から中央にかけてトサカ状の白い突起がある。

- ●花の色：●
- ●科　名：アヤメ科
- ●別　名：コヤスグサ
- ●漢字表記：一初、鳶尾
- ●分　布：中国
- ●分　類：宿根草

アヤメ類の中では最初に咲く

藁葺き屋根に植えられたイチハツ

中国のイチハツ'梅里雪山'

花期: 4, 5

春

ガザニア
Gazania rigens

● 花言葉：あなたを誇りに思う、潔白、身近の愛、きらびやか
● 季　語：なし

花は日が当ると開き、夕方にしぼむので日当たりの良い花壇で見かける。現在の品種は、温度があればいつでも花を開く四季咲き性が多い。南アフリカに16種の原種がある。名は、アリストテレスやテオフラストスなどのギリシャ古典をラテン語に翻訳したガザのテオードル（Theodor of Gaza 1398～1478年）の名に因る。別名のクンショウギクは花が大きく、金属光沢のある花の色模様が勲章に見えるから。葉が銀色の品種もある。

● 花の色：●●●●●○
● 科　名：キク科
● 別　名：クンショウギク
● 分　布：南アフリカ
● 分　類：常緑多年草または一年草

花期
1
2
3
4
5
6
7
8
9
10
11
12

花は朝開いて夕方や曇りの日は閉じる

輝くような花で「勲章菊」と呼ばれる

銀葉の品種もある

16

- ●花言葉：夢見るここち，清らかな心，魅力，無邪気，親切
- ●季　語：春

カスミソウ
Gypsophila

春

園芸的に栽培されているのは、一年草または越年草のエレガンス種、宿根性のパニクラタ種（シュッコンカスミソウ）、矮性(わいせい)のムラリス種。一年草のカスミソウは一重咲きが多く、白の他、淡い桃花もある。シュッコンカスミソウは白の八重咲きが多く、矮性種には濃紅色の品種もある。白い小さな花をたくさん咲かせる様子が、霞がかかっているように見えることが名の由来。イギリスではベビーズ・ブレス（赤ちゃんの吐息）と呼ぶ。

- ●花の色：●○
- ●科　名：ナデシコ科
- ●別　名：ジプソフィラ、ハナイトナデシコ、ムレナデシコ、コゴメナデシコ
- ●漢字表記：霞草
- ●分　布：アジア、ヨーロッパ
- ●分　類：一年草または多年草

一重咲きのエレガンス種は一年草

八重咲きのシュッコンカスミソウ

ピンク花の矮性種'ジプシーディープローズ'

花期
1
2
3
4
5
6
7
8
9
10
11
12

17

春 カーネーション

Dianthus caryophyllus

- 花言葉：母への愛（赤）、肉欲（濃紅）、感謝・気品（桃）、貞節・尊敬（白）、嫉妬、軽蔑（黄）
- 季　語：夏

母の日の花で親しまれる

カーネーションはバラ、キクと共に生産量が多い花。ハウス栽培で切花が周年見られるが、ガーデン用や鉢花の生産も増えている。母の日の花といえばカーネーションだが、これは母の日制定の提唱者、アメリカの女性アンナ・ジャービスが母親の命日に白いカーネーションを配ったのが始まりだという。健在の母には赤いカーネーションを贈り感謝を表す。日本では1937年に森永製菓が告知した事により全国に広まった。

- 花の色：●●●●●○✠
- 科　名：ナデシコ科
- 別　名：オランダセキチク、オランダナデシコ
- 分　布：南ヨーロッパ、西アジアの地中海沿岸
- 分　類：多年草、一年草

花期：4、5

青いカーネーション'ムーンダスト'

花壇で楽しめる小輪タイプ

18

ガーベラ

春

Gerbera hybrida

- ●花言葉：崇高美、神秘、辛抱強い、希望
- ●季　語：夏

ガーベラは南アフリカ産の原種から作られた品種の総称で、品種は2,000種を超える。1878年ゴールドラッシュが始まりかけていた南アフリカで、イギリスの探検隊（とうせき）が橙赤（しょく）色の原種を発見し、その後、紅紫や白色の種も発見され、イギリスで1910年に品種改良が始まった。2年後の1912年に日本に導入され「ニッポン」と言う秀花ができ、ヨーロッパに輸出された。ガーベラの名は、ドイツの自然学者のゲルバー（Gerber）の名前に因（よ）る。

- ●花の色：🔴🌸🟡🟠🟢⚪
- ●科　名：キク科
- ●別　名：アフリカセンボンヤリ
- ●分　布：熱帯アジア、アフリカ
- ●分　類：多年草

矮性品種のポットガーベラ

さまざまな花色が魅力

細い花弁のスパイダー咲き'ミュウ'

花期
1
2
3
4
5
6
7
8
9
10
11
12

19

カルセオラリア

Calceolaria

● 花言葉：私の伴侶に、私の財産を捧げます、援助、幸福、平和
● 季　語：春

鉢植えが主だが花壇にも植えられる。宿根性と低木性があるが、園芸的には宿根性は一年草扱い。花冠は上下に2裂し、上部は小さな、下部は大きな袋状になる。袋状の花姿がお金や小物を入れる巾着に似ているのでキンチャクソウの別名がある。属名のCalceolariaは、小さな靴（スリッパ）の意味のラテン語「カルセオルス」に因る。イギリスでも花の形からの発想でスリッパ・フラワー、ポケット・ブック・フラワーといわれている。

● 花の色：●●●✤
● 科　名：ゴマノハグサ科
● 別　名：キンチャクソウ、スリッパ・フラワー、ポケット・ブック・フラワー
● 分　布：南アメリカ、ニュージーランド
● 分　類：一年草

巾着を思わせる袋状の花形が特徴

斑点の入った園芸品種

斑点の入らない園芸品種

- ●花言葉：親交、友情
- ●季　語：夏

カンパニュラ
Campanula

春

北半球に300種ほどが分布し、多くの種類が釣鐘形のかわいらしい花をつける。属名のCampanulaは、ラテン語の釣り鐘の意味。カンパニュールという美しい娘の死を悲しんだ花の女神フローラが、娘をカンパニュラにかえたという伝説がある。また、この花の仲間のフウリンソウは、英名をカンタベリー・ベルというが、英国国教教会のカンタベリー寺院に巡礼する人々が鳴らした鈴に似ているので、ついた名だといわれている。

- ●花の色：●●●○
- ●科　名：キキョウ科
- ●別　名：ツリガネソウ、フウリンソウ、ヤツシロソウ
- ●分　布：北半球の温帯～寒帯
- ●分　類：一年草、多年草

高性種のモモバギキョウ

高性種のフウリンソウ

矮性種のオトメギキョウ

花期
1
2
3
4
5
6
7
8
9
10
11
12

春

キンギョソウ
Antirrhinum majus

- ●花言葉：仮定、予知、無作法、おしゃべり
- ●季　語：夏

本来は多年草だが、園芸的には越年草または1年草扱い。千葉県南房総の観光花畑の春一番の花として重要品目の一つ。名は花の姿に因り、中国名も金魚草。英名は snap-dragon（スナップ・ドラゴン）で、「ドラゴンの口」に似ているという意味。フランスでは「狼の口」、ドイツでは「ライオンの口」にたとえている。属名の Antirrhinum はギリシャ語で「鼻に似た」の意味。いずれも花の形容に因るが、花筒の先が平らに開く花形もある。

- ●花の色：●●○●●
- ●科　名：オオバコ科（ゴマノハグサ科）
- ●別　名：スナップ・ドラゴン
- ●漢字表記：金魚草
- ●分　布：地中海沿岸
- ●分　類：越年草

花期 2・3・4・5・6

金魚に似た花を穂状につける

半八重咲きの園芸品種

今にも泳ぎだしそうな花形

キンセンカ
Calendula officinalis

春

- ●花言葉：慈愛、失望、静かな思い、別れの悲しみ
- ●季　語：春

江戸時代に渡来。キンセンカは金盞花と書き、盞は盃の意味で、花の形に由来。属名のカレンデュラはラテン語の1ケ月の意味で、花期が長いことに因る。「カレンダー」の語源でもある。花弁にカロテンを含み、エディブルフラワーとしてサラダなどに利用する。ヨーロッパでは葉、花に殺菌作用があるとして、ローション、クリーム、シャンプーなどに使われている。'冬しらず'という寒さに強いアルウェンシス種が半野生化している。

- ●花の色：🟠🟡
- ●科　名：キク科
- ●別　名：カレンデュラ、ポットマリーゴールド
- ●漢字表記：金盞花
- ●分　布：地中海沿岸
- ●分　類：越年草

花は日に当たって輝くように開く

八重咲きの'コーヒークリーム'

寒中でも花をつける'冬知らず'

花期: 3, 4, 5

春

クロッカス
Crocus

- ●花言葉：信頼、青春の喜び、不幸な恋。
  私を信じて、切望（黄）。愛したことを後悔する（紫）
- ●季　語：春

水の精スミラクスを愛したクロコスは、神々からこの恋を許されなかったために絶望して自殺をした。それを哀れんだ花の神フローラがクロコスをクロッカスに変えたと、ギリシャ神話にある。澁澤龍彦は「フローラ逍遙」のなかで、ギリシャ神話で球根植物に変身させられる、クロコスも含め、ナルキッソス（スイセン）、ヒュアキントス（ヒアシンス）などいずれも美少年であるが、これは、球根を睾丸としてみているからだろうと言っている。

- ●花の色：
- ●科　名：アヤメ科
- ●別　名：花サフラン、春サフラン、クローカス
- ●分　布：地中海沿岸、小アジア
- ●分　類：球根

花期
1
2
3
4
5
6
7
8
9
10
11
12

春を待ちかねるように花を開く

春咲きのヴェルヌス種

冬から咲くクリサンサス種

24

- ●花言葉：熱愛、不誠実、隠されぬ恋
- ●季　語：夏

ジギタリス
Digitalis

春

名は「指」を意味するラテン語の digitus に由来する。英名は花の形から foxglove「キツネノテブクロ」。他に fariy caps「妖精の帽子」、fariybells「妖精の鈴」、fariy thimble「妖精の指ぬき」などがある。ギリシャ神話では、ゼウスの妻ヘラが遊んでいたサイコロが地に落ちて、そこに咲いた花という。葉を強心・利尿の薬としていたが有毒植物。葉がハーブとして栽培されるコンフリーに似ているので、誤食による事故死の例がある。

- ●花の色：●●○○
- ●科　名：オオバコ科（ゴマノハグサ科）
- ●別　名：キツネノテブクロ
- ●分　布：地中海沿岸、中央アジア、ヨーロッパ
- ●分　類：多年草

指サックのような花が穂状に鈴なりにつく

花弁の内側に大小の斑点模様がある

花形から英名はフォックスグローブ

花期
1
2
3
4
5
6
7
8
9
10
11
12

シバザクラ
Phlox subulata

- 花言葉：臆病な心、合意、一致、燃える恋、華やかな姿、一筋
- 季　語：春

サクラに似た5弁花が地面を覆って咲く

よく分枝し、地面を覆うようにカーペット状に広がる。庭のグラウンドカバーや土手の法面にシバの代わりに植えられる。近年、観光資源としても重要視され、全国にシバザクラの名所がふえている。名は、5弁の花がサクラの花に似て、シバのように広がることから。英名はモスフロックス Moss phlox でコケ状のフロックスの意味。属名の Phlox はギリシャ語の phlogos（炎）意味で、種小名の subulata は（針形の）の意味。

- 花の色：●●●○✤
- 科　名：ハナシノブ科
- 別　名：ハナツメクサ、モスフロックス
- 漢字表記：芝桜
- 分　布：北アメリカ
- 分　類：常緑多年草

花期
1
2
3
4
5
6
7
8
9
10
11
12

'ダニエルクッション'

'コーラルアイ'

- ●花言葉：恥じらい、はにかみ、内気、清浄、生まれながらの素質
- ●季　語：夏

シャクヤク
Paeonia lactiflora

春

中国で「木芍薬」をボタン、「草芍薬」をシャクヤクと区別し始めたのは漢時代以降といわれ、ボタンの「花王」に対して、シャクヤクは花の宰相「花相」と呼ぶ。小野小町にまつわる「百夜通い(ももよがよ)」の伝説に芍薬(しゃくやく)が出てくる。小町は言い寄る深草少将(ふかくさのしょうしょう)に毎夜欠かさず百日通ったら契りを交わそうと約束する。少将は芍薬の株を持って小町の下に通った。小町は99株を庭に植え、いよいよ百日目という時に大雪が降り、少将は凍死したと言う悲恋伝説がある。

- ●花の色：●●○○
- ●科　名：ボタン科
- ●別　名：パエオニア、エビスグサ
- ●漢字表記：芍薬
- ●分　布：中国
- ●分　類：多年草

茎がすらりと伸びて華麗な花を開く

'彩雲飛'

'輪舞'

花期
1
2
3
4
5
6
7
8
9
10
11
12

27

春

ジャーマンアイリス
Iris germanica

● 花言葉：使者、燃える思い、恋の頼り、豊満
● 季　語：夏（アイリス）

ヒゲアイリスといい、花弁の突起が特徴

色々なアヤメ属の植物を交配した起源種不詳の園芸植物。野生種はない。1800年代ドイツ、フランスで品種改良されたが、その後アメリカでも品種改良が進んだ。属名のIrisは「虹」の意味でgermanicaは「ドイツの」という意味。紀元前1500年頃のエジプトのファラオ（王）の墓にアイリスの絵が彫られているという。栽培は多湿を嫌うので、根茎を植えつける時は、乾燥したアルカリ性土壌に根茎の一部を地上に出すのがコツ。

● 花の色：🟣🔵🟠🟡🔴⚪✣
● 科　名：アヤメ科
● 別　名：ドイツアヤメ、レインボーリリー、ヒゲアイリス
● 分　布：地中海沿岸（園芸種）
● 分　類：多年草

花期
1
2
3
4
5
6
7
8
9
10
11
12

'キャンキャンルカ'

ミニジャーマンアイリス'スリーピータイム'

- ●花言葉：うぬぼれ、自己愛、エゴイズム、不遜
- ●季　語：冬

スイセン

春

Narcissus

スイセンは水辺をのぞきこむように咲くという。水面に映る自分自身の姿に恋い焦がれて死んだ美少年ナルキッソス。その少年がスイセンの化身といわれ、スイセンの学名ナルキッススは、この有名なギリシャ神話が語源。自己愛者をナルシストという。中国では天にいる天仙、地の地仙、水の水仙がいるという考えから、水辺に咲くこの花を水仙とした。スイセンは水仙の音読み。有毒植物でアサツキやニラと間違えて食べた中毒例がある。

- ●花の色：🟡⚪🔴🟠🟢⌘
- ●科　名：ヒガンバナ科
- ●別　名：セッチュウカ
- ●漢字表記：水仙
- ●分　布：スペイン、ポルトガル、地中海沿岸
- ●分　類：球根植物

花の中央に副花冠があるのが特徴

原種系　バルボコディウム種

ニホンズイセン

春

スイートアリッサム
Lobularia maritima

- ●花言葉：優美、飛躍
  美しさを超えた価値、
- ●季　語：なし

花壇や寄せ植えに重要なアイテム。本来は多年草だが、高温多湿や極端な寒さに弱く、日本では秋にタネをまいて春に花を楽しむ秋まき越年草か、寒地では春まきにして秋に花を楽しむ春まき一年草とする。小さな4弁花が枝の先のほうに密について丸くなり、全体が半球状になる。名は英名で、甘い香りの花を咲かせることに由来。以前はアリッサム属に含まれていたが現在はロブラリア属で、アリッサム属のアリッサムとは別のもの。

- ●花の色：●●●●●
- ●科　名：アブラナ科
- ●別　名：ニワナズナ、アリッサム
- ●分　布：地中海沿岸
- ●分　類：越年草

花期
1
2
3
4
5
6
7
8
9
10
11
12

半球状に小さな花がカラフルに咲く

花はやさしい甘い香りがする

小さな4弁花が密に集まっている

30

- 花言葉：門出、思い出、別離、永遠の喜び
- 季　語：春

スイートピー

春

Lathyrus odoratus

神経性毒を含む有毒植物で豆と莢（さや）に多く含まれている。はじめは雑草扱いされていたが、19世紀後半になって、園芸的改良が本格的に行われた。イギリスのエドワード朝（1901〜10年）のエドワード7世の王妃アレクサンドラが愛した花で、宴会、結婚式などの祝い事で多く使用され、エドワード朝を象徴する花となった。名は、花がエンドウに似て香りがあることによる。越年性の種のほかに宿根性のラティフォリウス種もある。

- 花の色：●●●●●○
- 科　名：マメ科
- 別　名：ジャコウエンドウ、カオリエンドウ、ジャコウレンリソウ
- 分　布：シチリア島
- 分　類：つる性越年草、多年草

優しげな花は甘い香りを漂わせる

チョウがひらひらと舞うような花姿

巻きひげで絡みつきながら伸びる

花期：4、5

春

ストック
Matthiola incana

- 花言葉：未来を見つめる、努力、思いやり、愛の絆、永続する美
- 季　語：春

古代ギリシャ、ローマ時代から栽培されて、薬用にも用いた。ストック(Stock)は英名で、ステッキ、杖、茎の意味。茎や幹が太くて丈夫そうなことからついた名である。一重咲きと八重咲きがある。八重咲きは種子が出来ないので、八重咲きの遺伝子を持った一重咲きから種を採り、発芽後八重咲きの株を選別する。八重咲きの苗は子葉が大きく、発芽が早く、葉の色が淡い、という特徴があるが、選別には熟練が必要である。

- 花の色：●●●●○
- 科　名：アブラナ科
- 別　名：アラセイトウ
- 分　布：地中海沿岸
- 分　類：越年草

ボリュームのある花が穂状に咲く

八重咲き種

一重咲き種

スノーフレーク

Leucojum aestivum

春

- ●花言葉：純粋、清潔、汚れなき心、慈愛、記憶
- ●季　語：春

スイセンに似た細長い葉とスズランに似た釣鐘形の花をつける。スノーフレークは雪のかたまりの意味。属名のLeucojumはギリシャ語のleukos（白）＋ion（スミレ）の意味。種小名のaestivumは「夏咲きの」の意で、原産地では初夏に開花するので、英名はサマー・スノーフレーク。オオマツユキソウの別名もあり、大型のスノードロップ（P.250）のように見えるが、スノードロップはガランサス属で、スノーフレークはレウコジム属で異なる。

- ●花の色：○
- ●科　名：ヒガンバナ科
- ●別　名：オオマツユキソウ、スズランスイセン
- ●分　布：ヨーロッパ中南部
- ●分　類：球根

草姿から鈴蘭水仙の和名がある

花の先端に緑色の斑点がぽつぽつと入る

早春にスイセンに似た葉が芽を出す

花期: 3, 4

春

ゼラニウム
Pelargonium

- ●花言葉：慰め、真の友情、愛情、決意、君ありて幸福、黄：偶然の出会い
- ●季　語：夏

日当たりがよく、10℃以上あれば周年咲く。植物分類ではペラルゴニウム属。Pelargoniumはラテン語でコウノトリの意味で、果実の形がコウノトリのくちばしに似ることから。園芸では一季咲きのものをペラルゴニウム、四季咲きのものを古い学名のゼラニウムとして区別している。別名を天竺葵(てんじくあおい)といい、江戸時代に多くの品種が作成された。鑑賞だけでなく、ハーブや薬用にされるセインテッドゼラニウム（ニオイゼラニウム）もある。

- ●花の色：●●○
- ●科　名：フウロソウ科
- ●別　名：テンジクアオイ
- ●分　布：南アフリカ
- ●分　類：常緑多年草

花期 1 2 3 4 5 6 7 8 9 10 11 12

日当たりがよく温度があれば周年開花する

葉の香りがよいセインテッドゼラニウム

コウノトリのくちばしのような果実

34

- 花言葉：和解、
　　　　私はあなたに全てを賭ける
- 季　語：夏（アイリス）

ダッチアイリス

Iris × hollandica

春

花壇や鉢植えで栽培される。南西フランス、スペイン、ポルトガル、アフリカ北部原産のスパニッシュアイリスにさまざまな種を交配した園芸種。オランダで品種改良がすすんだのでダッチ（オランダ）アイリスの名があり、学名のhollandicaも「オランダの」という意味。アヤメ科の植物には根が塊根性(かいこんせい)のものが多いが、この種は球根性なので「球根アイリス」とも呼ばれる仲間の代表的存在。切花として世界的な需要がある。

- 花の色：●●●○
- 科　名：アヤメ科
- 別　名：オランダアヤメ、
　　　　球根アイリス
- 分　布：交配種
- 分　類：球根

オランダで作出されたのが名の由来

一つの花は4〜5日もつ

内側の花弁が立ち上がるモダンな花姿

花期: 4, 5

春

チューリップ
Tulipa gesneriana

- ●花言葉：愛の告白（赤）、新しい恋（白）、名声（黄）、不滅の愛（紫）、愛の芽生え（桃）
- ●季　語：春

チューリップの球根は葉が変形したもので、食べられる。オードリー・ヘプバーンの母はオランダの貴族の出身なのだが、第二次世界大戦時にナチスに占領され財産を没収された時には、家族はチューリップの球根を食べて飢えをしのいだという。富山県の砺波市では花弁でつくったジャムも売られている。オランダでは、花は王冠、葉は剣、球根は財宝を意味するという。花の形が頭に巻いたターバン（チュルバン）に似ているのが名の由来。

- ●花の色：●○●●●●●⌘
- ●科　名：ユリ科
- ●別　名：ウッコンコウ、ボタンユリ
- ●分　布：中近東
- ●分　類：球根植物

花期 1–12（3,4,5）

童謡にも歌われて親しまれている

一重咲き'ブラックホース'

原種チューリップ'タルダ'

36

デージー

春

Bellis perennis

- ●花言葉：純潔、無邪気、お人よし、無意識、平和、幸福、明朗、希望
- ●季　語：春

明治時代初期に渡来。本来多年草だが、高温多湿に弱く日本では夏越しできず、園芸では秋まき越年草として扱う。デージーは"daisy"で、日が照ると開き、夜は閉じるのでday's eye（日の眼）が名の由来。属名の Bellis はギリシャ神話の森の妖精ベリデスに由来する。ベリデスは美しくて若者の憧れだったが、果樹園の神ベルタムナスにしつこく追い求められたので、そのわずらわしさから逃れるため、姿を変えたのがデージーだという。

- ●花の色：●●○
- ●科　名：キク科
- ●別　名：ヒナギク、チョウメイギク、エンメイギク、トキシラズ
- ●分　布：ヨーロッパ
- ●分　類：多年草、越年草

ツタンカーメン王は首飾りに使った

太陽の光の下で花を開き、夕方閉じる

ヒナギクの名でも親しまれる

花期
1
2
3
4
5
6
7
8
9
10
11
12

春

デルフィニウム
Delphinium

● 花言葉：慈悲
● 季　語：夏（ラークスパー）

デルフィニウム属は北半球の温帯に200種以上がある。園芸品種は八重咲きで、萼（がく）が5枚で花弁が8枚。本来は多年草だが暑さに弱く、北海道のような冷涼地以外では秋蒔きの一年草として扱われている。属名のDelphiniumは、花の形から、ギリシャ語のデルピスdelphis（イルカ）に由来したもの。よく似たラークスパーは、やや華奢だが群生すると美しい。やはり花の形から別名を飛燕草（ひえんそう）や千鳥草（ちどりそう）といい、夏の季語になっている。

● 花の色：●●●●○
● 科　名：キンポウゲ科
● 別　名：オオヒエンソウ
● 分　布：ヨーロッパ
● 分　類：一年草、多年草

花期
1
2
3
4
5
6
7
8
9
10
11
12

ゴージャスな花穂は見る人を圧倒する

一重咲きの白花種

仲間のラークスパー（チドリソウ）

ドイツスズラン

Convallaria majali

春

- ●花言葉：意識しない美しさ、純潔、謙遜
- ●季　語：夏

日本にも在来種のスズランがあるが、ドイツスズランは花が葉より上で咲き、日本のスズランは葉の下で咲くという違いがある。ドイツスズランにはピンクや八重咲きの品種がある。英名は lily of valley（谷間の百合）。フランスでは、香りがよい花を雄のジャコウジカの分泌物から得られる香料の麝香（ミュスク）に由来したミュゲーから「5月のミュゲー」と呼ぶ。有毒植物で、花をサラダにして食べて中毒死した例がある。

- ●花の色：○●
- ●科　名：ユリ科
- ●別　名：キミカゲソウ、タニマノユリ
- ●漢字表記：独逸鈴蘭
- ●分　布：ヨーロッパ
- ●分　類：多年草

よい香りを漂わせて葉の上で咲く

縞斑ドイツスズラン

葉の下で咲く日本産のスズラン

花期
1
2
3
4
5
6
7
8
9
10
11
12

春

ネモフィラ
Nemophila

- ●花言葉：何処でも成功、可憐、愛国心、清々しい心、私はあなたを許す、荘厳
- ●季　語：なし

名はギリシャ語のnemos（小さな森）とphiles（愛する）の合成語。原産地の北アメリカ西部では、森の周辺部に野生していることから名づけられた。花壇や公園で良く見かけるのは、英名をbaby blue eyes（ベイビーブルーアイズ）という青い花を咲かせる、やや匍匐性(ほふくせい)のメンジェシー種と、英名をfive spot（ファイブスポット）という、白い花弁の端に青いスポットがあるやや立ち性のマクラータ種である。共にカルフォルニア原産。

- ●花の色：●●○
- ●科　名：ムラサキ科
  （ハゼリソウ科）
- ●別　名：ルリカラクサ、
  コモンカラクサ
- ●分　布：カナダ西部、アメリカ、メキシコ
- ●分　類：越年草

花期
1
2
3
4
5
6
7
8
9
10
11
12

地面を覆うように空色の花が咲く

メンジェシー'スノーストーム'

花弁の先に斑点が入るマクラータ種

40

- ●花言葉：うらみ、別れの悲しみ
- ●季　語：夏

ハナニラ
Ipheion uniflorum

春

ヨーロッパから明治半ばに渡来し、野生化もしている。ニラの一種で、八百屋で売られている、花を食べるハナニラと混同して、誤食するおそれがあることから、最近は学名のイフェイオンの名で呼ばれることが多い。花色は青紫、淡青、白が多いが、黄色や桃色の品種も市販されている。名は、春早く花を咲かせ、葉がニラに似て、またニラ臭があることに因る。英名はスプリン・スター・フラワー。黄花ハナニラはセロウイアナム種。

- ●花の色：🔵⚪🟡🟡
- ●科　名：ネギ科（ユリ科）
- ●別　名：イフェイオン、セイヨウアマナ
- ●漢字表記：花韮
- ●分　布：アルゼンチン
- ●分　類：球根植物

愛らしい星形の花を多数開く

明治時代に渡来し、野生化もしている

'ピンクスター'

花期
1
2
3
4
5
6
7
8
9
10
11
12

春

ヒアシンス
Hyacinthus orientalis

- ●花言葉：悲しみを超えた愛
- ●季　語：春

釣鐘形の花がびっしりついて、良い香りを放つ。太陽の神アポロンが投げた円盤を西風の神ゼフュロスが美少年ヒアキントゥスの額に命中させ、流れた血の中から美しい紫色の花が咲き、それがヒアシンスだというギリシャ神話が有名だが、しかし、ヒアシンスはチューリップとともに16世紀半ばヨーロッパに渡った花なので、ギリシャ時代にヒアシンスと呼ばれていたのは、アイリスかヒエンソウの類ではないかといわれている。

- ●花の色：●●●●●●○
- ●科　名：ヒアシンス科（ユリ科）
- ●別　名：ダッチ・ヒアシンス、ニシキユリ
- ●分　布：地中海沿岸、イラン、トルクメニスタン
- ●分　類：球根多年草

花茎を小さな花が埋めつくして咲く

切花にしてよい香りを楽しんでもよい

花がまばらにつくローマン種

ヒナゲシ

Papaver rhoeas

春

- ●花言葉：恋の予感、いたわり、思いやり、陽気でやさしい、忍耐、妄想、豊饒
- ●季　語：春

江戸時代に渡来。ケシに似て愛らしい花の様子が名の由来で、美人草（びじんそう）ともいう。ケシの仲間だが、ヒナゲシにはケシに含まれるアヘンはないので、花壇などで植栽して楽しめ、よく見かける。中国戦国時代の英雄の項羽（こうう）が愛した虞美人が、項羽の後を追って自決した血から、赤い花が咲いたという伝説があり、歴史上の三大美人の一人「虞美人（ぐびじん）」の名が当てられ、虞美人草とも呼ばれている。夏目漱石の小説『虞美人草』でも有名。

- ●花の色：●●○
- ●科　名：ケシ科
- ●別　名：グビジンソウ、ポピー、ビジンソウ
- ●漢字表記：雛芥子、雛罌粟
- ●分　布：ヨーロッパ中部
- ●分　類：越年草

花色の変化がある園芸種

4枚の花弁は外側の2枚が大きい

白花の八重咲き種

花期：4、5、6

春

プリムラ
Primula

- ●花言葉：可憐、神秘な心、素朴、青春の喜びと悲しみ
- ●季　語：春

主にプリムラはヨーロッパでの改良品種を指し、花壇でよく見かけるのはポリアンサ種、ジュリアン種、マラコイデス種である。ポリアンサ種はイギリス産の野生種を園芸化したもので花が大きく、花色が多彩。ジュリアン種はポリアンサとプリムラ・ジュリエとの交配種で花が小型。マラコイデス種は中国原産の改良種。プリムラの「プリ」は「一番の、最初の」の意味で、春早くに咲くことによる。オペラ歌手の主役女性をプリマドンナという。

- ●花の色：🔴🟠🔵🟣🟡⚪
- ●科　名：サクラソウ科
- ●別　名：セイヨウサクラソウ
- ●分　布：世界の温帯、寒帯
- ●分　類：宿根草

花期：1, 2, 3, 4, 5, 6, 7, 8, 9, 10, 11, 12

豊富な花色で春を告げるポリアンサ種

日本で誕生したジュリアン種

日本のサクラソウに似たマラコイデス種

ムスカリ

Muscari

春

- ●花言葉：寛大なる愛、通じ合う心、失望、失意、明るい未来
- ●季　語：春

ムスカリの栽培品種は数種あるが、普通花壇で見かけるのは、青いブドウの房のように花をつけるアルメニアカム種が多い。英名は Grape hyacinth（グレープヒアシンス）。属名の Muscari は、ギリシャ語の「moschos モスコス（麝香）」に由来したもので、黄色い花をつけるモスカーツム種の花に、麝香（P.39参照）のような匂いがあることによる。オランダのキューケンホフ公園のムスカリの川のような植栽は有名で、満開時には本物の川の流れに見える。

- ●花の色：●●●●○⌘
- ●科　名：ユリ科
  　　　　（キジカクシ科、ヒアシンス科）
- ●別　名：ブドウヒアシンス、
  　　　　ルリムスカリ
- ●分　布：地中海沿岸、西南アジア
- ●分　類：球根植物

穂状の花房がブドウの房に見える

一つ一つの花はベル形で愛らしい

'バレリーフィニス'

花期
1
2
3
4
5
6
7
8
9
10
11
12

45

春

ヤグルマギク
Centaurea cyanus

- ●花言葉：教育、信頼、優雅、繊細、幸福感、独身生活
- ●季　語：夏

名は花の形が鯉のぼりの矢車に似ていることによる。俳句ではヤグルマソウが一般的だが、ユキノシタ科の植物にヤグルマソウがあり、混同を避けるためにヤグルマギクという。古代エジプトのツタンカーメンの墓が、イギリスの考古学者ハワード・カーターによって発見された時に、多くの埋蔵品の中にヤグマギクの花飾りがあったというのは有名で、首飾りは3300年たっていても形や青い花色がかすかに残っていたそうだ。

- ●花の色：●●●●○
- ●科　名：キク科
- ●別　名：ヤグルマソウ
- ●漢字表記：矢車菊
- ●分　布：ヨーロッパ
- ●分　類：一年草

花期
1
2
3
4
5
6
7
8
9
10
11
12

鯉のぼりの矢車に似ている一重咲き

ドライフラワーにしても花色があせない

葉が矢車の形になる野草のヤグルマソウ

- 花言葉：幻想、私の恋を知ってください、乱れる乙女心、たちきれぬ思い
- 季　語：なし

リナリア
Linaria

春

属名の Linaria はラテン語のアマを意味する linum が語源で、葉が、茎から繊維（亜麻糸）をとるアマの葉に似ていることによる。よく見かけるリナリアは交配で誕生した園芸種で、観光用に休耕田などで花の絨毯のように栽培している所もある。花が小さくて形がキンギョソウに似ていることから、姫金魚草（ひめきんぎょそう）とも呼ばれるが、キンギョソウとは別属。より細い花茎を立ち上げる多年草のプルプレア種は、暑さ、寒さに強く強健。

- 花の色：●●●●●●○●●⌘
- 科　名：ゴマノハグサ科
- 別　名：ヒメキンギョソウ
- 分　布：北半球の温帯
- 分　類：一年草、多年草

パステル調の花色は一年草

キンギョソウに似た小さな花が咲く

多年草のプルプレア種は素朴な味わい

花期
1
2
3
4
5
6
7
8
9
10
11
12

春

ロベリア
Lobelia erinus

●花言葉：いつも愛らしい、謙遜、人目につく、悪意
●季　語：春

名は、ベルギーの植物学者ロベルの名前に由来し、世界の熱帯から温帯に400種ほどがある。日本には同属のサワギキョウやミゾカクシ（別名アゼムシロ）が自生する。園芸的にはロベリア・エリヌスとその園芸種が多く、ピンクや白花があるが、基本は青い花で、瑠璃蝶々や瑠璃溝隠の別名がある。呼吸困難の鎮痙薬の原料とするが、アルカイドを含み有毒植物。多年性のカージナリス種やリチャードソニー種なども栽培されている。

●花の色：●●●●○
●科　名：キキョウ科
●別　名：ルリチョウチョウ、ルリミゾカクシ
●分　布：南アフリカ
●分　類：一年草

花期
1
2
3
4
5
6
7
8
9
10
11
12

チョウが群れ飛ぶように見える花

花の中心に白い斑が入るエリヌス種

多年草のロベリア・カージナリス

アセビ

Pieris japonica subsp. japonica

春

- ●花言葉：犠牲、献身、清純な心
- ●季　語：春

春早く、純白で清楚な壺形の小さな花を沢山咲かせる。堀辰雄は「どこか犯しがたい気品がある」と書いている。木全体が有毒で馬が食べると酔った様な状態になるので馬酔木と書く。山中に入る時、腰にアセビの枝を挿しておくと野獣に襲われないという。花の蜜も有毒で、ハチミツに混じりそれを食べて中毒になった例がある。敏感な動物は食べないので、奈良公園はシカの食害から逃れたアセビの名所になっている。紅花の品種もある。

- ●花の色：○ ●
- ●科　名：ツツジ科
- ●別　名：アシビ、アセボ
- ●漢字表記：馬酔木
- ●分　布：日本
- ●分　類：常緑低木

『万葉集』にも登場する日本特産種

愛らしい花を咲かせるが、有毒植物

ベニバナアセビ

花期: 3, 4, 5

49

春

アンズ
Prunus armeniaca

- ●花言葉：遠慮、気後れ、疑惑
  はにかみ、疑い、情熱（花）、気後れ（果実）
- ●季　語：夏、春（花）

春にウメに似た美しいピンクの5弁花を咲かせる。実の利用だけでなく花も観賞され、観光資源にもなっている。種子に青酸配糖体や脂肪油などを含み「杏仁（あんにん）」といい、鎮咳（ちんがい）の目的で薬用にする。中国呉の時代、医者の薫奉（とうほう）は、治療代を払えない患者にアンズの木を植えさせたので、いつの間にかアンズの林ができ、薬用になる実もたくさん実った。この故事から「杏林（きょうりん）」は医者の尊称となり、「杏林」の名を冠した大学、病院、薬局が多い。

- ●花の色：●
- ●科　名：バラ科
- ●別　名：カラモモ、アプリコット
- ●漢字表記：杏
- ●分　布：中国
  ヒマラヤ西部からフェルナガ
- ●分　類：落葉小高木

唐桃と呼び平安時代には植栽していた

果実は生食したりジャムなどをつくる

ウメと違ってつぼみを包む萼片（がくへん）が反り返る

- ●花言葉：高尚、悲しみ、憂愁、悲哀、慰め
- ●季　語：春（花）、秋（実）

イチイ

春

Taxus cuspidata

イチイや変種のキャラボクは庭木や生垣などによく利用される。イチイの葉は二列に並び、キャラボクはらせん状になる。公家の位の高い一位の者が手に持つ笏をこの材でつくった事が名の由来。サカキやヒサカキが育たない東北地方以北では、この木の枝を神事の玉串の代用としたので、神社の境内に植えられている。雌雄異株で、秋に実が赤く熟す。種子の周りの果肉は甘くて食べられるが、種は有毒。岐阜県飛騨地方の一位一刀彫は有名。

- ●花の色：🟡🟢
- ●科　名：イチイ科
- ●別　名：アララギ、オンコ
- ●漢字表記：一位
- ●分　布：日本、中国、朝鮮半島
- ●分　類：常緑高木

円錐形に刈り込まれたイチイ

雌雄異株で、雌株は秋に赤い実をつける

キャラボク。淡黄色の雄花

花期
1
2
3
4
5
6
7
8
9
10
11
12

ウメ
Prunus mume

- ●花言葉：高潔、独立、忍耐、上品
- ●季　語：春（花）、夏（実）

ウメには300以上の品種がある。野梅系、紅梅系、豊後系の3系統に大別され、鑑賞中心の花ウメと実を利用する実ウメがある。果実はクエン酸をはじめ有機酸などを多く含み、強い酸味がある。調味料の梅の酸味と塩の辛さの加減を「塩梅（あんばい）」と言う。梅干、梅酢、梅酒、ジャムなどに利用する。未熟の梅の核（胚・仁（じん））は青酸配糖体をふくみ有毒。「梅は食べても実（さね）食うな、中に天神寝てござる」の諺がある。学名の種小名もmume（ムメ）。

- ●花の色：●●○
- ●科　名：バラ科
- ●別　名：コウブンボク、ハナノアニ、ハルツゲグサ
- ●漢字表記：梅
- ●分　布：中国
- ●分　類：落葉小高木

白梅と紅梅がある。葉に先立って花を開く

香りのよい清楚な花の'思いのまま'

「青梅」は夏の季語。硬い実は酸味が強い

- 花言葉：壮大
- 季　語：夏

エゴノキ

Styrax japonica

春

雑木林に自生するが、庭木、公園樹として栽培もされている。初夏に花冠が深く5裂する白い花を下向きに咲かす。果実は楕円形で中に大きい種子が1個ある。果皮に有毒のサポニンを多く含みよく泡立ち、昔は石鹸の代わりとして利用した。名は、実の味が苦くエグイことに因る。材は緻密で将棋の駒、杖、傘の柄などに利用する。種子は固いのでお手玉の中身に使うとよい音がする。最近は花が桃色のベニバナエゴノキを多く見かける。

- 花の色：○●
- 科　名：エゴノキ科
- 別　名：チシャノキ、ロクロギ、シャボンノキ
- 漢字表記：斉墩果、野茉莉
- 分　布：日本、朝鮮半島、中国
- 分　類：落葉小高木

白い星形の花を下向きにつける

ベニバナエゴノキ'ピンクチャーム'

卵状楕円形の実がぶら下がってつく

花期: 5, 6

春

エニシダ
Cytisus scoparius

- 花言葉：卑下、謙譲、清潔、恋の苦しみ
- 季　語：夏

江戸時代に渡来。庭木、公園樹として栽培されている。名は、ヒトツバエニシダ属の学名 Genista の英語読み、ジェスタ(なま)が訛ったもの。細い枝に黄色い花を多数咲かせるので、中国では金雀花、金雀枝（別の植物という説もある）といい、イギリスではこれで箒(ほうき)を作ったので花名が broom（箒）となっている。魔女がまたがって飛ぶ箒はエニシダの枝だという。果実は熟すと強くねじれた殻が爆発するように割れ、その勢いで種子を遠くに飛ばす。

- 花の色：🟡
- 科　名：マメ科
- 別　名：エニスダ
- 漢字表記：金雀花、金雀枝
- 分　布：地中海沿岸
- 分　類：半落葉低木

花期
1
2
3
4
5
6
7
8
9
10
11
12

近縁種のホオベニエニシダ

枝がよく分枝して箒状になるエニシダ

園芸品種の白花種

54

- ●花言葉：恩恵、優美、気高い、控えめな美、期待
- ●季　語：春

オウバイ

春

Jasminum nudiflorum

早春、葉が芽吹く前に、枝垂れる細い枝に黄色い花を多数咲かせる。名は、ウメの花に似て花色が黄色に因る。ジャスミン属だが花に香りは無い。中国では迎春花と呼ばれ、春を告げる花である。中国の神代の時代、長い旅に出た夫を待ち続けた妻が石になり、帰郷後夫が嘆いて流した涙で、石から生えたのがオウバイになったという話がある。よく似たものにウンナンオウバイ（オウバイモドキ）があるが、こちらは常緑で花期に葉がある。

- ●花の色：🟡
- ●科　名：モクセイ科
- ●別　名：ゲイシュンカ
- ●漢字表記：黄梅
- ●分　布：中国
- ●分　類：落葉性半つる性低木

葉が芽吹く前にウメに似た花を開く

花は筒形で先が6裂して開く。香りはない

オウバイより花が大きいウンナンオウバイ

花期
1
2
3
4
5
6
7
8
9
10
11
12

春

カルミア
Kalmia latifolia

- 花言葉：大きな希望、大志を抱く、賞賛、さわやかな笑顔
- 季　語：春

金平糖のようなつぼみが次々と開いて半球状に花をつける。花は、花弁のくぼみの中に雄しべの葯が包まれていて、昆虫が触れると葯が飛び出し、昆虫に花粉が付く仕掛けになっている。有毒植物で、一部の品種は Lambkill（羊殺し）といい、また、アメリカ先住民がこの木の根でスプーンを作ったので「スプーンの木」と呼ばれる。属名の Kalmia は、北アメリカの植物の研究をしたリンネの最後の弟子、ペリー・カルム（Pehr Kalm）に因る。

- 花の色：○ ● ●
- 科　名：ツツジ科
- 別　名：アメリカシャクナゲ、ハナガサシャクナゲ
- 分　布：北アメリカ、キューバ
- 分　類：常緑低木

花期
1
2
3
4
5
6
7
8
9
10
11
12

園芸品種が多く、花色も豊富

固まって咲く椀形の花が魅力

花びらの内側に紅色の斑点がある

カロライナジャスミン

Gelsemium sempervirens

春

- ●花言葉：甘いささやき、長寿
- ●季　語：なし

つる性でアーチなどに絡ませて鑑賞する。鮮黄色の花はトランペット状で、二重(ふたえ)咲きの品種もある。ジャスミンの名がつくが、モクセイ科のジャスミン類とは別種。香りは控えめで、ジャスミンのような強い香りが無いのでニセジャスミンの別名もある。有毒で、ジャスミンということから、お茶にして呑んで中毒した例がある。アメリカのサウスカロライナ州の州花。属名のGelsemiumはイタリア語のジャスミンの意味のgeisominoに因(よ)る。

- ●花の色：🟡
- ●科　名：ゲルセミウム科（マチン科）
- ●別　名：ゲルセミウム、イエロージャスミン、ニセジャスミン
- ●分　布：アメリカ、グアテマラ
- ●分　類：常緑つる性植物

アーチにからんで黄色い花が咲く

暖地では路地植えにしても越冬できる

英名はイブニング・トランペット・フラワー

花期
1
2
3
4
5
6
7
8
9
10
11
12

春

キングサリ
Aburnum watereri

- ●花言葉：哀調を持った美、哀愁の美
- ●季　語：なし

明治時代に渡来した。鮮やかな黄色のフジのような花を開く。キングサリの名は英名のgolden chain（ゴールデン・チェーン）を直訳したもの。別名のキバナフジは花姿から。イギリスでは頭上を覆うキングサリのトンネルを歩く小道が有名な所が多い。近年、日本でも公園や家庭のシンボルツリーとして植えられている。葉、枝、特に実には強い毒があり、中国では毒豆という。一本の木で黄色と桃色の二色の花を咲かす品種もある。

- ●花の色：🟡🔴
- ●科　名：マメ科
- ●別　名：キバナフジ、ゴールデン・チェーン
- ●漢字表記：金鎖
- ●分　布：南ヨーロッパ
- ●分　類：落葉中高木

花期
1
2
3
4
5
6
7
8
9
10
11
12

長い花房がフジの花のように下垂する

材質が軟らかなので支柱が必要

花は鮮黄色の蝶形花

58

- ●花言葉：優雅、友情、繁栄、不滅、不死
- ●季　語：春

ギンヨウアカシア
Acacia baileyana

春

俳句の世界や花屋さんではミモザと呼んでいるが、本来Mimosaはオジギソウ属の学名である。黄色の小花を枝がたわむほど咲かせてあたりを明るく彩る。よく似たフサアカシアは葉が大きく、小葉が30〜40対でギンヨウアカシアの倍以上ある。材は軽く、防湿性があり、ノアの箱舟の舟材に使われ、キリストの荊の冠はこの木の刺のある枝だというが、『旧約聖書』には、箱舟はイトスギでつくったと出ている。

- ●花の色：🟡
- ●科　名：マメ科
- ●別　名：ミモザ、ハナアカシア
- ●分　布：オーストラリア
- ●分　類：常緑高木

早春に枝を埋めて黄色い花が咲く

フサアカシア。濃緑色の葉が特徴

葉は銀灰色の羽状複葉

春 **ゲッケイジュ**
Laurus nobilis

- 花言葉：勝利、名誉、栄光 裏切り（花）
- 季　語：春（花）

古代ギリシャ、ローマでは太陽神アポロンの霊木とされ、以来競技の勝利者などに枝葉で編んだ冠（月桂冠）を授ける習慣がある。ギリシャ神話に、愛の神エロス（キューピット）が、アポロンと妖精のダフネに矢を射る話がある。アポロンには「最初に出会った異性に恋をしてしまうという黄金の矢」、ダフネには「恋を拒む鉛の矢」を射る。アポロンに追いかけられたダフネは、逃げ場を失い、ゲッケイジュに姿を変えたという。

- 花の色：🟡
- 科　名：クスノキ科
- 別　名：ローレル、ベイ
- 漢字表記：月桂樹
- 分　布：地中海沿岸
- 分　類：常緑高木

花期
1
2
3
4
5
6
7
8
9
10
11
12

雄花は黄白色でびっしりとつく

日本では雌株が少ないので、雌花は珍しい

雌雄異株で、雌株は秋に実をつける

60

- ●花言葉：幸福、長寿
- ●季　語：春（欅若葉）、秋（欅紅葉）
  　　　　　冬（枯れ欅）

ケヤキ

Zelkova serrata

春

ケヤキは材が良質で大木になるので、徳川幕府が橋や船を作るために植栽を奨励したことから、関東平野のシンボル的な木になったという。以前は大きな農家には立派な木があったが、人家が込み合ってくると落ち葉などが隣家との争い事の原因となり、切り倒されて少なくなった。このようなケヤキと人とのかかわりの問題を題材にした井上靖の小説『欅の木』がある。埼玉県浦和から所沢市に通じる街道のケヤキ並木は日本で一番長い。

- ●花の色：🟡🟢
- ●科　名：ニレ科
- ●別　名：ツキ
- ●漢字表記：欅
- ●分　布：日本、東アジア
- ●分　類：落葉高木

放射状に枝が広がる樹形が優雅

葉は表面がざらつき、縁に鋭い鋸歯(きょし)がある

秋には葉が黄から赤へと染まる

花期
1
2
3
4
5
6
7
8
9
10
11
12

春

コデマリ
Spiraea cantoniensis

● 花言葉：友情

● 季　語：春

江戸時代に渡来。白い5弁花がかたまって、小さな手毬のような花が枝垂れる枝に並んで咲く。その様子から古くは「鈴懸」と呼んだらしい。手毬状の花の形が名の由来で、スイカズラ科の大手毬に対してつけられたが、小手毬は5弁の離弁花でバラ科。双方に類縁はなく、オオデマリの小型種ではない。属名のSpiraeaはギリシャ語のspeira（螺旋、輪）の意味。種小名のcantoniensisは中国広東地方の意味。

● 花の色：○
● 科　名：バラ科
● 別　名：スズカケ、ダンゴバナ
● 漢字表記：小手毬
● 分　布：中国
● 分　類：落葉低木

花期
1
2
3
4
5
6
7
8
9
10
11
12

手毬状の花が華やかに枝を飾る

花びらは5枚

斑入りコデマリ

- ●花言葉：友情、歓迎、信頼、
　　　　　自然の愛
- ●季　語：春

コブシ

春

Magnolia kobus

名は、春のつぼみ、または秋に実る果実の形が握りこぶしに似ているからといわれる。早春、周りの木々が芽吹く前に白い花を開き、よく目立つので、野良仕事を始める目安にするため、田打桜の別名がある。源氏に壇ノ浦で敗れた平家の残党が肥後に逃れたが、ある朝、周りを源氏の白旗に囲まれているのを見て、これまでと自刃したという。平家の残党は山に咲いたコブシの花を源氏の白旗と見間違ったという悲しい逸話が熊本県に伝わっている。

- ●花の色：○
- ●科　名：モクレン科
- ●別　名：ヤマアララギ、コブシハジカミ、
　　　　　タウチザクラ
- ●漢字表記：辛夷
- ●分　布：日本、韓国済州島
- ●分　類：落葉高木

大木になり遠くからでもよく目立つ

花弁は6枚。芳香のある花は直径7〜10cm

握りこぶしのような実をつける

花期
1
2
3
4
5
6
7
8
9
10
11
12

春

サクラ
Prunus

- 花言葉：優れた美人、純潔、心の美しさ、淡白
- 季　語：春

サクラといえばソメイヨシノをさし、気象台が開花を発表する標準木もソメイヨシノ。ソメイヨシノは江戸末期に江戸染井村で作出されたもので、日本全国のソメイヨシノは全て一本の木からふやされたクローンである。名は染井村のソメイと、桜の名所である大和吉野（奈良県吉野山）のヨシノを合わせたもの。松尾芭蕉はその大和吉野に3日間滞在したが、サクラのあまりの見事さに一句も詠めなかったという。芭蕉が見たのはヤマザクラ。

- 花の色：●●○
- 科　名：バラ科
- 別　名：ユメミグサ、カザシクサ、アケボノクサ
- 漢字表記：桜
- 分　布：日本
- 分　類：落葉高木

花期
1
2
3
4
5
6
7
8
9
10
11
12

サクラの代表はソメイヨシノ

花が新葉とともに開くヤマザクラ

カワヅザクラの赤い実

64

- ●花言葉：耐久、強健、気丈な愛
- ●季　語：春

サンシュユ
Cornus officinalis

春

江戸時代中期に中国から薬用として渡来し、当初、小石川御薬園で栽培された。現在は庭木、公園樹などで栽培されている。春早く黄金色の花を多数咲かすので別名ハルコガネバナ、秋の赤い実を珊瑚に見立ててアキサンゴの別名がある。サンシュユは中国名山茱萸の音読み。茱萸はグミの意味。果肉の乾燥したものを生薬名「山茱萸」といい、滋養強壮、止血、解熱、利尿などに利用する。漢方薬「八味地黄丸」に配合されている。

- ●花の色：🟡
- ●科　名：ミズキ科
- ●別　名：ハルコガネバナ、アキサンゴ、ヤマグミ
- ●漢字表記：山茱萸
- ●分　布：中国、朝鮮半島
- ●分　類：落葉小高木

葉が芽吹く前に黄金色の花が咲く

花弁は4枚で外側に巻く

秋に赤い実が葉のわきからぶら下がる

花期
1
2
3
4
5
6
7
8
9
10
11
12

春

サンショウ
Zanthoxylum piperitum

● 花言葉：健康、魅惑

● 季　語：春（花、芽）、秋（実）

古名はハジカミ。山地に自生するが、食用や香辛料にするので植栽もされる。摘むと独特の香りが立つ新芽を「木の芽」と呼んで料理に使う。山椒の「椒」は「芳しい」で、名は、山に生える芳しい木の意味。「山椒は小粒でもピリリと辛い」というが、英語でもLittle head great wit.（小頭の大知恵者）ということわざがある。体が小さくとも才能・力量が優れている意味で、体が小さいからと言って侮ってはいけないということ。

● 花の色：🟡
● 科　名：ミカン科
● 別　名：ハジカミ
● 漢字表記：山椒
● 分　布：日本、朝鮮半島
● 分　類：落葉低木

花期
1
2
3
4
5
6
7
8
9
10
11
12

雌雄異株で実がつくのは雌株

雄花。花びらのない小花が集まって咲く

冬芽。枝の左右に一対のとげがある

シキミ

Illicium anisatum

春

- ●花言葉：猛毒
- ●季　語：春

名の由来は諸説あるが、木全体が有毒で、特に実が猛毒なので「悪しき実」の「ア」が省略したという説が有力。寺、墓地に植えられている。木に芳香があり、死臭を消し、カラス、犬などの有害動物を近づかせないためという。神事にも使われ、別名は花榊、香の木などという。葉や樹皮から抹香、線香を作る。実が袋果で星形に並び香辛料のダイウイキョウ「八角」に似る。まがい物として売られ、死亡事故になった例がある。

- ●花の色：🟡
- ●科　名：シキミ科
- ●別　名：ハナサカキ、ハナノキ、ハナシバ
- ●漢字表記：樒、梻
- ●分　布：日本
- ●分　類：常緑高木

仏事に関連の深い木で寺でも見かける

花は、細長い花びらが12枚ある

名前の由来になった実は猛毒

花期: 3, 4

春

シダレヤナギ
Salix babylonica

- ●花言葉：憂い、愛の悲しみ、自由、素直
- ●季　語：春

「やわらかに柳あをめる北上の岸辺目に見ゆ泣けとごとくに」（石川啄木）。柳は戦前は銀座のシンボル的な木で、1929年（昭和4年）の映画『東京行進曲』の主題歌（歌・佐藤千夜子、西條八十作詞、中山晋平作曲）で銀座のヤナギが歌われている。ちなみに、この歌は映画主題歌の第1号。中国では若芽を野菜や茶に利用する。茶はカフェインがなく安眠できる。名は、枝が糸のように枝垂れることから。昔、この木で矢を作ったので「矢の木」がヤナギになったという。

- ●花の色：🟡
- ●科　名：ヤナギ科
- ●別　名：イトヤナギ、シダリヤナギ、オオシダレ
- ●漢字表記：枝垂柳、枝垂楊
- ●分　布：中国
- ●分　類：落葉高木

花期
1
2
3
4
5
6
7
8
9
10
11
12

水を好むので川辺でもよく見かける

雄花序。雌雄異株で雌株は少ない

葉は披針形で、縁に細かい鋸歯がある

68

シャクナゲ
春
Rhododendron

- ●花言葉：威厳、危険、荘厳、壮大
- ●季　語：春

園芸的には日本産の「日本シャクナゲ」と、アジア産のシャクナゲを欧米で改良した「西洋シャクナゲ」の2つに分ける。西洋シャクナゲは明治末に渡来。共に公園、庭に植えられる。名は、中国名の「石南花」の音読みだが、実は中国の石南花はオオカナメモチを指し、薬用にされる。シャクナゲは有毒。属名のRhododendronはギリシャ語のrhodon（バラ）とdendron（木）」が語源。ネパールでは「花木の帝王」「ヒマラヤの赤いバラ」といわれ国花。

- ●花の色：●●●●●●●○
- ●科　名：ツツジ科
- ●漢字表記：石楠花、石南花
- ●分　布：日本、中国、ヒマラヤ周辺
- ●分　類：常緑中木

豪華な花房をつける西洋シャクナゲ

西洋シャクナゲ'ブルーレイ'

ツクシシャクナゲ

春

シャリンバイ
Rhaphiolepis indica var. umbellata

● 花言葉：愛の告白、純真
● 季　語：夏（花）、秋（実）

日本の東北地方以南の海岸近くに生える。常緑で剪定に耐え、乾燥、大気汚染にも強いので、道路の分離帯、庭木、生垣などに利用される。名は、葉の付き方が車輪状に円形に並び、花がウメの花に似ることによる。葉の形がより丸いものをマルバシャリンバイと呼んで区別することがある。秋に球形の実が黒紫色に熟す。材と根を奄美大島の大島紬の漆黒色の染料にする。最近、花の色が濃い紅色のベニバナシャリンバイの植栽もふえている。

● 花の色：○ ●
● 科　名：バラ科
● 別　名：ハナモッコウ
● 漢字表記：車輪梅
● 分　布：日本、朝鮮半島、台湾
● 分　類：常緑低木

花期
1
2
3
4
5
6
7
8
9
10
11
12

ウメに似た白い5弁花が咲く

ベニバナシャリンバイ

球形の実は白粉をかぶって黒紫色に熟す

70

ジューンベリー
Amelanchier canadensis 春

- ●花言葉：輝き、穏やか
- ●季　語：なし

花、実、紅葉が美しいので庭木、公園に植えられている。−30℃の寒冷地でも育つ。果実が6月に熟すのでジューンベリーJune Berryの名がある。また、日本に自生するザイフリボクの近似種で、アメリカ原産なのでアメリカザイフリボク、または学名のアメランチャでも呼ばれる。ザイフリボクという名は、花の形が、戦国時代の武将が軍隊を指図・指揮する時に使う采配(さいはい)に似るから。果実は赤紫色に熟し甘い。生食、ジャム、果実酒に利用する。

- ●花の色：○
- ●科　名：バラ科
- ●別　名：アメリカザイフリボク、アメランチャ
- ●分　布：アメリカ、カナダ
- ●分　類：落葉中高木

樹冠が白い清楚な花でうまる

細長い花びらが5枚つく

実が6月に赤く熟すのが名の由来

花期: 4, 5

春

シラカバ
Betula platyphylla

- 花言葉：光と豊富、柔和、あなたをお待ちします
- 季　語：春

「白樺」は皇后陛下美智子さまの御しるし。新緑と白い樹皮のコントラストが美しく、寒冷地のシンボル的樹木になっている。シラカバはシラカンバの略名で、樹皮が白いカンバの意味。カンバはアイヌ語起源で、樹皮を意味するカリンバに由来するという。噴火や山火事などで裸地になった所にいち早く生えるパイオニア的植物。都会でビルの合間などに植えられているのは、早くから幹が白くなる洋種のシラカバのジャクモンティが多い。

- 花の色：●
- 科　名：カバノキ科
- 別　名：シラカンバ
- 漢字表記：白樺
- 分　布：日本、東アジア
- 分　類：落葉中高木

花期
1
2
3
4
5
6
7
8
9
10
11
12

樹皮が白くなるのが特徴

垂れ下がる雄花序は暗黄色

ヨーロッパシラカバ 'ゴールデンクラウド'

ジンチョウゲ

春

Daphne odora

- ●花言葉：栄光、不死、不滅、快楽、永遠
- ●季　語：春

馥郁たる花の香りを、香木の沈香や丁子の名香に例えて名づけられた。室町時代には栽培した記録があるが、日本にあるのはほとんどが雄木で、実を見ることは少ない。ギリシャ神話に、アポロンに追いかけられてゲッケイジュの木になった、森の妖精ダフネの話があるが、ゲッケイジュではなくジンチョウゲに姿を変えたという話も残っている。この物語にちなんで、属名が Daphne になったともいわれる。種小名の odora は芳香の意味。

- ●花の色：● ○
- ●科　名：ジンチョウゲ科
- ●別　名：ヂンチョウゲ、リンチョウゲ
- ●漢字表記：沈丁花
- ●分　布：中国南部
- ●分　類：常緑低木

雌雄異種。甘い香りが春の訪れを教える

花弁に見えるのは4列した肉厚の萼

斑入りジンチョウゲ

花期: 3-4

ツゲ

Buxus microphylla var. japonica

- ●花言葉：堅固、禁欲主義、淡白、冷静
- ●季　語：春

材は黄褐色できわめて緻密。「つげ細工」として、櫛、印材、将棋の駒などや高級工芸品に使われる。名は、葉が次々と付くので「次ぎ、継ぎ」から、または梅雨時に葉が黄色になるので梅雨黄が変化したものという。似た名のイヌツゲはモチノキ科で、ツゲはツゲ科。共に刈り込みに強く、生垣や動物の形などに刈り込んだトピアリーなどにされる。近似種のセイヨウツゲは、英名をボックス（box、箱）という。これはこの材で小箱を作ったことによる。

- ●花の色：🟡
- ●科　名：ツゲ科
- ●別　名：ホンツゲ
- ●漢字表記：黄楊、柘植
- ●分　布：日本
- ●分　類：常緑小高木

花期：3、4

材が緻密で印鑑や櫛の材料になる

花びらのない淡黄色の花をつける

黄金葉のセイヨウツゲ

- ●花言葉：自制心、節制
- ●季　語：春

ツツジ
Rhododendron

春

ツツジは分類学的にはツツジ属（Rhododendron）の総称。園芸的には野生種、園芸種を細かく区別する。身近なものに、落葉種で低山に自生するヤマツツジ、常緑種で他のツツジより花期が一カ月ほど遅く、花色が多彩で咲き分けもあるサツキツツジ、常緑種で久留米地方で改良された園芸種で、二重咲きの品種が多いクルメツツジ、常緑種で大型の花をつけるヒラドツツジ、常緑種でヨーロッパで改良されたアザレアなどがある。

- ●花の色：●●●●●○
- ●科　名：ツツジ科
- ●漢字表記：躑躅
- ●分　布：日本、アジア
- ●分　類：常緑または落葉低木

ヤマツツジは葉が開くと同時に花が咲く

ヒラドツツジ '曙'

サツキツツジ '寿光冠'

ツバキ

Camellia japonica

- ●花言葉：理想の愛、謙遜、控えめな愛、気取らない美しさ（赤）。申し分のない愛らしさ、理想的な愛情（白）
- ●季　語：春

ツバキは葉が厚く艶々して美しいことから、古くは花よりも葉を見る木であった。厚葉木（あつばき）の「ア」が省略されたという説や、「艶葉の木」が転訛した説など、名前の由来はいろいろ。椿と書くが、これは日本で作られた文字で、春に花が咲くことを表したもの。中国の椿はセンダン科の樹木のチャンチンをさす。ツバキはヤブツバキが代表種だが、日本海側にはユキツバキがある。区別点は雄しべの花糸がヤブツバキは白、ユキツバキは黄色。

- ●花の色：●○○○
- ●科　名：ツバキ科
- ●別　名：カメリア
- ●漢字表記：椿
- ●分　布：日本、中国、ベトナム
- ●分　類：常緑高木

ヤブツバキ。日本を代表する花木のひとつ

日本海側に多いユキツバキ

ツバキ '菊更紗'

ドウダンツツジ

Enkianthus perulatus

春

- ●花言葉：節制、上品、私の思いを受けて、返礼
- ●季　語：春

日本の中部以南に自生するが、庭や生垣などにも植えられている。花はスズランのような形で白色。名は灯台ツツジが訛ったもので、岬に立つ灯台ではなく、三叉状に分かれて出る枝が、昔の明かり取りの「結び灯台」に似ることによる。中国名は満天星で、昔、太上老君（道教の神）が仙宮で霊薬を作っていた時、誤って霊水がこぼれ、枝をつたってその雫が白く満天の星のように輝いたのが、名のいわれだという。秋の紅葉も赤く見事。

- ●花の色：●●○
- ●科　名：ツツジ科
- ●漢字表記：灯台躑躅、満天星躑躅
- ●分　布：日本、中国、東アジア
- ●分　類：落葉低木

新葉が開くと共に壺形の花が下垂する

ベニサラサドウダン

秋の紅葉。眼の覚めるような美しさ

花期：4、5

春

ニセアカシア
Robinia pseudoacacia

- ●花言葉：慕情、親睦、友情、優雅、頼られる人
- ●季　語：夏

日本へは1873年に渡来。荒地や裸地の緑化や砂防の木としたことから、別名はハゲシバリ。野生化して猛烈に繁殖し、日本の「侵略的外来種ワースト100」に選定された。各地で伐採をしているが、花がハチミツの有用な蜜源であるので、養蜂家は伐採に反対している。有毒植物だが、フジの花に似た花を天ぷらなどで食用にする。名は種小名のpseudoacacia（偽のアカシア）の直訳。ハリエンジュは、枝にトゲが多いことによる。

- ●花の色：○
- ●科　名：マメ科
- ●別　名：ハリエンジュ、ハゲシバリ
- ●分　布：北アメリカ
- ●分　類：落葉高木

花期
1
2
3
4
5
6
7
8
9
10
11
12

花に芳香があり蜜源でもある

蝶形花が房状に垂れ下がって咲く

冬芽。葉痕の左右に一対の棘がある

78

- ●花言葉：率直、自由、親切、気まま、思いのまま、自由な心、努力が報われる
- ●季　語：春

ネコヤナギ
Salix gracilistyla

春

水辺の近くに生えるが、庭にも植えられて切花に利用される。属名の Salix はケルト語の sai（水辺）と lis（近い）の意味。春早く、まだ寒く雪が降るような時期から白銀の花芽が目立つ。万葉集に「山の際に雪は振りつつしかすがにこの川楊（かわやぎ）は萌えにけるかも」（坂上郎女（さかのうえのいらつめ））がある。花穂がピンク色のピンクネコヤナギもある。ネコヤナギのまな板は最高級品といわれるが、本当は花芽が大きく、木も大きく育つバッコヤナギという人もいる。

- ●花の色：●
- ●科　名：ヤナギ科
- ●別　名：カワヤナギ、エノコロヤナギ
- ●漢字表記：猫柳
- ●分　布：日本
- ●分　類：落葉高木

絹毛に覆われ春が近いことを告げる

雄花序。葯は紅色で花粉は黄色

ピンクネコヤナギ

花期: 3, 4

春

ノイバラ
Rosa multiflora

- ●花言葉：素朴なかわいらしさ（花）
  無意識の美（実）
- ●季　語：夏（花）、秋（実）

野原、河川敷などに生える。園芸バラの台木や房咲き種の交配親で、秋に実る果実を切花にする。果実を営実（えいじつ）といい利尿、下剤に使うが作用が激しいので注意が要る。茎葉に多くのトゲが生えている。「イバラの道を歩くよう」とか、キリスト処刑の時のイバラの冠など苦難の表現に使われる。古名を「うまら」といい、『万葉集』の別れの辛さを歌った歌「道の辺のうまらの末（うれ）に延（は）ほ豆のからまる君を別れか行かむ」（丈部鳥（はせつかべのとり））に出てくる。

- ●花の色：○●
- ●科　名：バラ科
- ●別　名：ノバラ、ウマラ
- ●漢字表記：野茨
- ●分　布：日本、朝鮮半島
- ●分　類：落葉半つる性低木

花期
1
2
3
4
5
6
7
8
9
10
11
12

野生のバラで最も普通に見かける

斑入りノイバラ。5弁花（ふ）で径2cmほど

球形の実が秋に赤く熟す

- 花言葉：高貴、質素、不信仰、裏切り、疑惑、豊かな生涯、目覚め
- 季　語：春

ハナズオウ
Cercis chinensis

春

江戸時代に中国から渡来し、庭や公園に植えられている。名は、花の色がインド、マレー原産の染料になる木の蘇芳（すおう）で染めたような色から、花の咲く蘇芳の意味。白花もある。地中海沿岸産のセイヨウハナズオウは、ユダが首をつったといわれる木で、別名を「ユダの木」という。はじめ白かった花が首をつった後、赤くなったといわれている。ネガティブな花言葉もこれによる。北アメリカ産のアメリカハナズオウも植えられている。

- 花の色：●●●○
- 科　名：ジャケツイバラ科（マメ科）
- 別　名：スオウバナ、スオウギ
- 漢字表記：花蘇芳
- 分　布：中国
- 分　類：落葉低木

枝を紅紫色に染めて咲く

シロバナハナズオウ

マメ科特有の莢状の実を結ぶ

花期
1
2
3
4
5
6
7
8
9
10
11
12

81

春

ハナミズキ
Cornus florida

● 花言葉：貞節、返礼、華やかな恋、私の思いを受けてください
● 季　語：夏

庭木や街路樹として植栽されている。1912年東京市長だった尾崎行雄が、アメリカ合衆国のワシントンDCにサクラを贈った返礼として1915年に贈られたもの。尾崎行雄は長く衆議院議員を務め「憲政の神」といわれた。アメリカから贈られたハナミズキは憲政記念館（かつての尾崎行雄記念館）に植えられ、その原木の根元が展示されている。似ているヤマボウシとの違いは、ハナミズキの総苞は先がへこむがヤマボウシは先がとがる。

● 花の色：●●○
● 科　名：ミズキ科
● 別　名：アメリカヤマボウシ
● 漢字表記：花水木
● 分　布：北アメリカ
● 分　類：落葉小高木

陽春を彩る人気の花木

花のように見えるのは4枚の総苞片

秋に赤く熟す実は葉が落ちても枝に残る

- ●花言葉：愛、美、輝かしい、愛嬌、斬新、無邪気、気まぐれな美しさ
- ●季　語：夏、春（芽）、冬（冬薔薇（ふゆそうび））

バラ
Rosa

春

1867年フランスのギョーが作出したバラ、「ラ・フランス」がモダンローズの第1号で、それ以前の品種はオールドローズという。1485年、イングランド王位をめぐる内戦で赤いバラを紋章とするランカスター家と白いバラを紋章とするヨーク家が覇権を争った。長い戦いの後、ランカスター家の遠縁のヘンリー・テューダーとヨーク家の王女エリザベス・オブ・ヨークが結婚することで和解した。後にこの内戦を「バラ戦争」と言った。

- ●花の色：🔴🟠🟡🟢🟣⚪✼
- ●科　名：バラ科
- ●別　名：ローズ、ソウビ、ショウビ
- ●漢字表記：薔薇
- ●分　布：世界の温帯、寒帯
- ●分　類：落葉低木

愛と美の象徴で花の女王と称えられる

八重黄モッコウバラ

'ヨーク・アンド・ランカスター'

花期
1
2
3
4
5
6
7
8
9
10
11
12

83

春

ハンカチノキ
Davidia involucrata

- ●花言葉：清潔
- ●季　語：なし

植物の分類体系の新エングラー体系ではダビデア（ハンカチノキ）科で1属1種とするが、ミズキ科やヌマミズキ科とする説もある。白く大きな2枚の苞葉が目立つのでハンカチノキ、ユウレイノキ、また、白鳩が止まっているようにも見えるのでハトノキとも呼ばれる。属名のDavidiaはハンカチノキを初めて紹介したフランスの神父で、植物学のアルマン・ダヴィットを記念したもの。最近は鉢でも栽培できる矮性種が売り出されている。

- ●花の色：○
- ●科　名：ミズキ科（ハンカチノキ科）
- ●別　名：ハトノキ、ユウレイノキ、ダビデア
- ●分　布：中国
- ●分　類：落葉高木

花期
1
2
3
4
5
6
7
8
9
10
11
12

1属1種の希少な木

花は白い大きな2枚の苞に包まれる

実は長球形で帯褐色に熟す

84

- 花言葉：清廉
- 季　語：なし

ヒトツバタゴ

春

Chionanthus retusus

別名ナンジャモンジャ。自生地では絶滅危惧種だが、別名が面白いので各地に植えられている。名前の「タゴ」はトネリコ（モクセイ科の樹木）のこと。昔は名前のわからない木をナンジャモンジャと呼び、ヒトツバタゴ以外にも各地でさまざまな木がナンジャモンジャと呼ばれている。しかし、植物学者の牧野富太郎は『牧野植物随筆』で、本物のナンジャモンジャは千葉県香取郡神埼町の神埼神社にあるクスノキで、あとは偽物と言っている。

- 花の色：○
- 科　名：モクセイ科
- 別　名：ナンジャモンジャ
- 分　布：日本、朝鮮半島、中国、台湾
- 分　類：落葉高木

満開時は雪が積もったようになる

花冠は深く4裂し、花びらの長さ約2cm

アメリカヒトツバタゴ

花期
1
2
3
4
5
6
7
8
9
10
11
12

春

ヒュウガミズキ
Corylopsis pauciflora

●花言葉：思いやり、信頼、神秘
●季　語：春

ヒュウガミズキというが、石川県から兵庫県の日本海側に自生しており、日向（宮崎県）とは関係がなく、明智日向守光秀の領地丹波に多く産することが名の由来。別名のイヨミズキは、トサミズキの仲間であることから、土佐（高知県）に対して単に伊予（愛媛県）といったもの。大型の花を咲かせるトサミズキは、高知県の蛇紋岩や石灰岩地帯に自生する日本固有種で、葉がミズキに似て土佐産に因るのが名の由来。共に庭木などにされる。

●花の色：🟡
●科　名：マンサク科
●別　名：イヨミズキ
●漢字表記：日向水木
●分　布：日本
●分　類：落葉低木

花期
1
2
3
4
5
6
7
8
9
10
11
12

黄色い花を開く春の花木の一つ

2、3個の小さい花が下を向いて咲く

トサミズキ。下向きに咲く花は6個以上

フジ
春
Wisteria

- ●花言葉：歓迎、恋に酔う、陶酔、決して離れない
- ●季　語：春、秋（実）

つるの巻き方を上から見て、右巻き（時計まわり）をフジ（ノダフジ）、左巻き（反時計まわり）をヤマフジと区別する。フジは平安時代に栄華を極めた藤原氏の象徴で、藤原氏の氏神を祀る春日大社の境内には多くのフジが植えられて名所になっている。茶道ではフジの薄皮に包まれたつぼみを「袋藤」といい、春から夏へと変わる季節の節目の花とする。春から夏にかけて二季にまたがって咲くので、二季草とも呼ぶ。

- ●花の色：●●●○
- ●科　名：マメ科
- ●別　名：シトウ、ムラサキクサ、フタキクサ
- ●漢字表記：藤
- ●分　布：日本
- ●分　類：落葉つる性高木

長い花房を付けた優雅な姿が人気

ヤマフジ '白花美短'

実は長さ 10 〜 20cm。「藤の実」は秋の季語

花期
1
2
3
4
5
6
7
8
9
10
11
12

春

ボケ
Chaenomeles specios

- ●花言葉：先駆者、指導者、妖精の輝き、平凡
- ●季　語：春（花）、秋（実）

中国原産のボケや日本原産のクサボケなどからの交配で、園芸品種が多く作出されている。一株に赤、白、桃色や、それらの混じった花を咲かせる、咲き分けの品種に人気がある。盆栽や切花としても栽培される。果実は球形または瓜型で、芳香があり薬用や果実酒にする。名は中国名「木瓜」の音読み「もけ、ぼっか」が変化したものいう。属名のChaenomelesはギリシャ語の「chaino（開ける）と melon（リンゴ）」から。

- ●花の色：● ● ○ ✤
- ●科　名：バラ科
- ●別　名：ホウシュンカ
- ●漢字表記：木瓜
- ●分　布：日本、中国
- ●分　類：落葉低木

花期: 1–12（3, 4, 11 強調）

平安時代より栽培されている

クサボケ

実は漢方薬や果実酒にされる

ボタン

Paeonia suffruticosa

春

- ●花言葉：王者の風格、富貴、恥じらい、高貴、壮麗
- ●季　語：夏、春（芽）、冬（冬牡丹）

元来は薬草として栽培されていたが、中国唐時代には観賞用に栽培されるようになった。日本では平安時代、弘法大師が中国から持ち帰ったといわれ、清少納言の『枕草子』にも登場する。花は豪華で別名「百花王」、「花神」、「花中の王」など、花の中でトップを表すものが多い。ちなみにシャクヤクは「花の宰相」「花相」。花の終わりを表現するときに「桜は散る、梅はこぼれる、椿は落ちる、菊は舞う、牡丹は崩れる」と優雅に表す。

- ●花の色：●●●●○
- ●科　名：ボタン科
- ●別　名：ヒャッカオウ、ハナカミ、フウキソウ、フカミグサ
- ●漢字表記：牡丹
- ●分　布：中国
- ●分　類：落葉低木

あでやかな大輪の花を開く「花の王」

'島錦'

冬咲きの系統「冬牡丹」は冬の季語

花期
1
2
3
4
5
6
7
8
9
10
11
12

春

ミツマタ
Edgeworthia chrysantha

- ●花言葉：強靭、意外なこと、壮健、永遠の愛、肉親の絆
- ●季　語：春

新しい枝が必ず3本に分かれて伸びる習性があるので、ミツマタという。樹皮がコウゾ、ガンピと共に和紙の原料で日本紙幣や証書などに使用されている。室町時代に中国から渡来したといわれるが、『万葉集』に三枝(さきくさ)の名で歌われている。「春さればまず三枝(さきくさ)の幸(さき)くあらば後にも逢はむな恋ひそ吾妹(わぎも)」柿本人麻呂。三枝(さきくさ)はミツマタといわれているが、ササユリやフクジュソウ、ヒノキという説もある。赤花の品種もあり、甘い香りを放って咲く。

- ●花の色：🟡🟠
- ●科　名：ジンチョウゲ科
- ●別　名：カミノキ、ムスビノハナ
- ●漢字表記：三椏、三叉
- ●分　布：中国、ヒマラヤ
- ●分　類：落葉低木

花期：3、4

枝が三叉に分かれるのが名の由来

花びらに見えるのは筒形の萼

赤花ミツマタ

- ●花言葉：自然への愛、けだかく清らか、持続性
- ●季　語：春

モクレン
Magnolia

春

モクレンはシモクレンの別名だが、近似種のハクモクレン、トウモクレン、サラサモクレン（別名ニシキモクレン）などの総称でもある。名は、「蓮(はす)」の花に似た花が「木」に咲くことによる。恐竜時代の地層から化石が発掘され、最も古く地上に出現した花の咲く木といわれる。ハクモクレンは花が白、シモクレンは赤紫色。ハクモクレンとシモクレンの交雑種サラサモクレンは花弁の内側が白い。「木蓮や読書の窓の外側に」正岡子規。

- ●花の色：●○●●
- ●科　名：モクレン科
- ●別　名：シモクレン、モクラン、モクレンゲ、ハネズ、マグノリア
- ●漢字表記：木蓮、木蘭
- ●分　布：中国西南部
- ●分　類：落葉小高木

高木になるハクモクレン

サラサモクレン

花は開ききらない半開状のシモクレン

花期
1
2
3
4
5
6
7
8
9
10
11
12

91

春

モモ
Amygdalus persica

- ●花言葉：天下無敵、チャーミング、私はあなたのとりこ。愛嬌、防御された幸福（実）
- ●季　語：春（花）、秋（実）

日本には弥生時代以前に渡来したと言われている。名は、真実(まみ)、燃実(もえみ)、百実(ももみ)などから転訛したといわれている。モモは果実に割れ目があり、誕生を示唆する木と言われる。桃太郎は桃から生まれたが、これは女性の股に通じるという。また、邪鬼を払う霊木(れいぼく)とされてきたことから、中国では春節の飾りに、日本ではひな祭りの飾りに欠かせない。人はユートピアに憧れるが、中国には桃の花咲く理想郷である桃源郷の話がある。

- ●花の色：●●○✤
- ●科　名：バラ科
- ●漢字表記：桃
- ●分　布：中国
- ●分　類：落葉中高木

花期
1
2
3
4
5
6
7
8
9
10
11
12

花を観賞するシダレモモ

花を観賞する'菊桃'

果樹としてのモモ'黄金桃'

92

- ●花言葉：気品、気高い、高尚、
　　　　　待ちかねる、金運
- ●季　語：春

ヤマブキ
Kerria japonica

春

「七重八重、花はさけども山吹のみのひとつだになきぞあやしき」という、「実の」と「蓑(雨具)」をかけた歌にまつわる太田道灌(どうかん)の逸話は有名。この古歌は「後拾遺和歌集」にあり、兼明親王の作。一重咲きは結実するが、八重咲きは実をつけない。ちなみに「山吹色のお菓子」は小判の隠語で、賄賂に使う金のこと。花弁が5枚で白い花を咲かせるシロバナヤマブキもある。似た名前のシロヤマブキは別属で、花弁が4枚なので区別できる。

- ●花の色：🟡○
- ●科　名：バラ科
- ●別　名：オモカゲグサ、ヤマブリ
- ●漢字表記：山吹
- ●分　布：日本、中国
- ●分　類：落葉低木

緑の葉に黄色い花がよく映える

八重咲きのヤエヤマブキ

花弁が4枚で属が異なるシロヤマブキ

花期
1
2
3
4
5
6
7
8
9
10
11
12

春

ユキヤナギ
Spiraea thunbergii

● 花言葉：愛嬌
● 季　語：春

庭、生垣、公園などに植えられている。枝がヤナギのように枝垂れ、雪が積もったように白い花が咲くのが名の由来。花を米に見立てて、コゴメバナやコゴメヤナギの別名がある。属名の Spiraea は、ギリシャ語の speira「螺旋、輪」の意味で、実の形から。中国名は噴雪花。よく似たものに八重咲きのシジミバナがある。つぼみや花がピンクのベニバナユキヤナギ'フジノピンキー'がある。「ちればこそ小米の花もおもしろき」莫二。

● 花の色：○●
● 科　名：バラ科
● 別　名：コゴメバナ、コゴメヤナギ
● 漢字表記：雪柳
● 分　布：日本、中国
● 分　類：落葉低木

花期
1
2
3
4
5
6
7
8
9
10
11
12

白い花が季節はずれの雪に見える

花弁は5枚。ピンク花の'フジノピンキー'

別属のシジミバナは八重咲き

- ●花言葉：友情、謙遜、純潔、初恋
- ●季　語：春

ライラック

Syringa vulgaris

春

明治中期に渡来。ライラックは英名、リラはフランス名、日本名はムラサキハシドイ。共に紫色を意味する言葉に由来した名。フランスでは「リラの花咲くころ」は一番よい季節のことをいうが、反面花色により、孤独や悲しみなどの意味もある。ペルシャ、イギリス、ドイツでは婚約者にこの花や香水を贈ることは、婚約破棄を意味する時代があった。花にはよい香りがあり、香水の原料にする。北海道には近似種のハシドイが自生している。

- ●花の色：●●○
- ●科　名：モクセイ科
- ●別　名：ムラサキハシドイ
- ●漢字表記：紫丁香花
- ●分　布：ヨーロッパ
- ●分　類：落葉小高木

仏名のリラでもよく知られる

小形のヒメライラック'パリビン'

先が尖った卵形の葉はやや光沢がある

花期
1
2
3
4
5
6
7
8
9
10
11
12

春

レンギョウ
Forsythia

- 花言葉：希望、かなえられた希望、集中力
- 季　語：春

日本にはヤマトレンギョウ、ショウドシマレンギョウがあるが、よく見かけるのはレンギョウ、シナレンギョウ、チョウセンレンギョウのほか、洋種の園芸種で、庭や公園などに植えられ、生垣にもされる。区別は難しいが、レンギョウとシナレンギョウは立ち性で、レンギョウは花の初期に葉がなく、シナレンギョウは花と葉が同時に出る。チョウセンレンギョウは枝垂れ性。洋種は花が大きく、多花性で花色が濃いなどの特徴がある。

- 花の色：🟡
- 科　名：モクセイ科
- 別　名：レンギョウウツギ
- 漢字表記：連翹
- 分　布：日本、朝鮮半島、中国、ヨーロッパ
- 分　類：落葉低木

花期：2, 3, 4

黄金色の花が木を覆うようにつく

花色が鮮やかなチョウセンレンギョウ

花と同時に緑の葉が開くシナレンギョウ

- ●花言葉：元気を出して、心の痛みの分る人、小さな思い出
- ●季　語：夏

アマドコロ
Polygonatum odoratum

春

白い花の先が緑色がかった釣鐘状の花を下向きに咲かせる。庭や公園などでは斑入り種を多く見かける。名は、地下茎がヤマノイモの仲間の野老に似ていて甘いことによる。葉が開く前の若芽や地下茎を山菜として、和え物やお浸し、煮物などで食べるが、似ている有毒のホウチャクソウと間違えないよう注意すること。アマドコロは茎に稜があるが、よく似ているナルコユリは稜がなく、茎が角張らずすべすべしているので区別がつく。

- ●花の色：○
- ●科　名：キジカクシ科（ユリ科）
- ●別　名：イズイ
- ●漢字表記：甘野老
- ●分　布：日本、中国、韓国
- ●分　類：多年草

筒状の花が1〜2個ぶら下がる

庭に植えられる斑入りアマドコロ

花が3〜5個つくナルコユリ

花期
1
2
3
4
5
6
7
8
9
10
11
12

春

アヤメ
Iris sanguinea

- ●花言葉：吉報、優しい心、軽快、あなたを愛す、変わりやすい
- ●季　語：夏

やや乾いた草地に生えるが、庭などにも植えられている多年草。花の垂れ下がる外側の3弁に、黄色に青紫の網目紋様があるのが名の由来。端正な花を咲かせ、昔から「いずれアヤメかカキツバタ」と美人の優劣がつけにくい時に使われるが、これは『源平盛衰記』で、源三位頼政が宮中に仕える並み居る美女の中から、「アヤメ」と言う名の意中の人を探す為に詠んだ歌「五月雨に沢辺のまこも水こえていずれあやめとひきぞわずらむ」に因る。

- ●花の色：●○
- ●科　名：アヤメ科
- ●漢字表記：菖蒲、文目、綾目
- ●分　類：多年草

水辺より乾いた草原に自生する

外花被片にある綾目模様が特徴

シロバナアヤメ

オオアラセイトウ

Orychophragmus violaceus

春

- ●花言葉：知恵の泉、優秀、癒し、変わらぬ愛
- ●季　語：春

春先に紫色をしたナノハナに似た4弁花を咲かせる。観賞用に江戸時代に渡来した。栽培もされているが、多くは人家近くの道端や空地に野生化している。いちど栽培が途絶えたが、現在のように広く栽培されるようになったのは、昭和14年（1939年）に南京から持ち込まれた種子を広く配布したからだという。別名はムラサキハナナ、ショカツサイ。ショカツサイは『三国志』で有名な軍師・諸葛孔明が軍隊の食料にした事に因るという。

- ●花の色：🟣
- ●科　名：アブラナ科
- ●別　名：ショカツサイ、ムラサキハナナ
- ●漢字表記：大紫羅欄花
- ●分　布：中国
- ●分　類：越年草

植栽より道端などでよく見かける

晩秋に芽生えて根生葉を広げて越冬する

紅紫色の十字花は、直径2〜3cm

花期: 3, 4, 5

春

オオイヌノフグリ
Veronica persica

- 花言葉：信頼、神聖、清らか、忠実
- 季　語：春

春早くから、日当たりの良い道端や畑のわきなどにコバルト色の4弁花を開く。農家には雑草として嫌われるが、昼間には見えない星が、一面に瞬いているようで美しい。花は一日花。虫などで受粉できない時は夕方に自家受粉し繁殖する。植物学者、牧野富太郎が明治20年（1887年）に東京御茶ノ水で初めて見つけた。名は、在来種の赤紫の花を咲かせるイヌノフグリに似ていて、なおかつ形が大きいことによる。フグリは陰嚢のこと。

- 花の色：●
- 科　名：ゴマノハグサ科
- 別　名：ルリカラクサ、テンニンノカラクサ、ホシノヒトミ
- 漢字表記：大犬の陰嚢
- 分　布：ヨーロッパ
- 分　類：越年草

花期 1 2 3 4 5 6 7 8 9 10 11 12

一面に咲くのでよく目立つ

オオイヌノフグリの実

イヌノフグリ。花は淡い紅紫色で小さい

100

- 花言葉：足跡を残す、白人の足跡
- 季　語：秋、夏（花）

オオバコ

春

Plantago asiatica

葉が全て根生(こんせい)するので、踏み付けに強く、野原や道端でも人が通るような所に好んで生える。漢名でも、馬、牛車などが多く行き来する所に生えるので車前草(しゃぜんそう)という。種子は粘着性があり人や動物について散布される。葉は車前葉といい利尿、健胃に、種子は車前子といい利尿、鎮咳(ちんがい)など薬用。別名のスモウトリグサは花茎を折り曲げて引っ掛け、引っ張りあって切れたら負けという遊びから。スミレなど同じ遊びをする花の別称にもなっている。

- 花の色：●○
- 科　名：オオバコ科
- 別　名：シャゼンソウ、スモウトリグサ
- 漢字表記：大葉子
- 分　布：日本、アジア
- 分　類：多年草

春から秋まで長い間穂を出している

踏まれた道路のわだちにそって生える

葉は肉厚な卵形、平行する葉脈が目立つ

春

カキツバタ
Iris laevigata

● 花言葉：幸運が来る、幸運、雄弁
● 季　語：夏

カキツバタは陸地に生育するアヤメ、ハナショウブなどと違って湿地に生育する。外に垂れ下がる花びらの中央に、白または黄色の斑紋が入るのが特徴。『伊勢物語』で在原業平(ありわらのなり ひら)が三河国八橋（現在の知立市八橋）で、句頭にかきつばたを織り込んで詠んだ歌「**か**ら衣**き**つつなれにし**つ**ましあれば**は**るばる来ぬる**た**びをしぞ思う」が有名。愛知県の県花。漢字表記の杜若は本来、ヤブミョウガを指すが、カキツバタと混同された。

● 花の色：●●○✿
● 科　名：アヤメ科
● 別　名：カオヨバナ
● 漢字表記：杜若、燕子花
● 分　布：日本
● 分　類：多年草

花期
1
2
3
4
5
6
7
8
9
10
11
12

外花被片に白い条が入るのが特徴

湿地で群落を見かけることも多い

'白鷺'

102

カラスノエンドウ 春

Vicia angustifolia var. segetalis

- ●花言葉：小さな恋人達、永遠の悲しみ、喜びの訪れ
- ●季　語：春

標準和名はヤハズエンドウだが、カラスノエンドウが一般的。道端などに普通に生える帰化植物。複葉の先が三又で巻きひげ状になり他物にからまって伸びていく。花は赤桃色のチョウ形で、実はエンドウを小さくしたような形。若い茎葉(けい)や若い莢(よう)を天ぷら、和え物などにして食べる。若い実で草笛を作って遊ぶ。名は、実がエンドウに似るが小さいのでカラス用のエンドウという意味。もっと小さな花や実を付けるスズメノエンドウもある。

- ●花の色：●○
- ●科　名：マメ科
- ●別　名：ヤハズエンドウ
- ●漢字表記：烏野豌豆、烏豌豆
- ●分　布：地中海沿岸
- ●分　類：越年草

身近でよく見かける野草の一つ

白花も一緒に生えていることもある

子どもたちは若い実を笛にして遊んだ

花期
1
2
3
4
5
6
7
8
9
10
11
12

春

キュウリグサ
Trigonotis peduncularis

● 花言葉：愛しい人への真実の愛
● 季　語：なし

全国の道端や草地に生える雑草で、秋に芽生え、ロゼット状に葉を広げて越冬する。花序は渦巻状で、花弁は水色で中心部が黄色の花を開く。名は、葉や茎をもむとキュウリのような匂いがすることによる。若葉を山菜として食べる。生薬名を附地菜（ふちきい）といい、乾燥した全草を利尿などに使う。よく似たハナイバナは、花が葉のわきにつき、花の中心部は白色なので区別がつく。ハナイバナの名は花が葉のわきに咲くので「葉内花」の意味。

● 花の色：🔵
● 科　名：ムラサキ科
● 別　名：タビラコ、フチサイ
● 漢字表記：胡瓜草
● 分　布：日本、アジア各地
● 分　類：越年草

花期
1
2
3
4
5
6
7
8
9
10
11
12

ワスレナグサによく似た花が咲く

花はカタツムリのように巻いた花序につく

花の中心が白いハナイバナ

- ●花言葉：追憶の日々
- ●季　語：春

キランソウ
Ajuga decumbens

春

キランソウの「キ」は紫の古語、「ラン」は藍色を意味し、名の由来はこの草の色彩によるものという説がある。別名の「地獄の釜の蓋(ごくのかまのふた)」は、葉が地面に張り付くように広がって地獄の釜に蓋をしているように見えるから、あるいは、薬用として使われ、病気を治癒して、地獄の釜に蓋をするからともいわれる。開花期に全草を採取して乾燥させたものを筋骨草(きんこつそう)といい、鎮咳(ちんがい)、解熱などに使う。薬効が高いので「医者殺し(いしゃごろし)」とも呼ばれる。

- ●花の色：紫
- ●科　名：シソ科
- ●別　名：ジゴクノカマノフタ、イシャダオシ、イシャゴロシ
- ●漢字表記：金瘡小草
- ●分　布：日本、朝鮮半島、中国
- ●分　類：多年草

地面に張り付いて広がる

花は唇形花で下唇が上唇より大きい

根生葉がロゼット状になって越冬する

花期
1
2
3
4
5
6
7
8
9
10
11
12

105

春

クレソン
Nasturtium officinale

● 花言葉：安定、着実、不屈の力
● 季　語：春

小川や田の溝などに生える帰化植物だが、料理の付け合せなどに栽培もされている。明治初期に在留外国人用に導入された。宣教師などにより、日本各地に広まったといわれている。小さな節からも再生するので、各地の水質地に爆発的に繁茂することがあり、外来生物法により要注意外来生物に指定されている。日本での最初の野生化は東京上野のレストラン精養軒から不忍池(しのばずのいけ)に流出したものという。クレソンはフランス名。

● 花の色：○
● 科　名：アブラナ科
● 別　名：オランダガラシ、ミズガラシ
● 分　布：ヨーロッパから中央アジア
● 分　類：常緑多年草

花期
1
2
3
4
5
6
7
8
9
10
11
12

水生植物で水辺を覆うほど繁殖する

花弁は4枚で、花弁の長さ4〜5mm

花の咲く前の軟らかい茎や葉を食用にする

106

- ●花言葉：心が和らぐ、緩和する、感化、私の幸福
- ●季　語：春

ゲンゲ
Astragalus sinicus

春

ゲンゲが標準和名だが、レンゲまたはレンゲソウが一般的な呼び名。名は花の姿が蓮華（ハスの花）に似るから。紫雲英は、一面に咲く様が紫の雲のように見える事による。唱歌『春の小川』（高野辰之作詞・岡野貞一作曲）の歌詞に「春の小川はさらさら行くよ岸のすみれやれんげの花に」と使われている。ここで歌われている小川は、東京の渋谷を流れている宇田川の支流の河骨川（こうほねがわ）か、作詞した高野辰之の出身地の長野県の川とも言われる。

- ●花の色：● ○
- ●科　名：マメ科
- ●別　名：レンゲ、レンゲソウ、テンマリソウ
- ●漢字表記：蓮華、紫雲英
- ●分　布：中国
- ●分　類：越年草

野原や土手、道端などでもみかける

花は10個ほどの蝶形花が放射状に並ぶ

実の先端が尖って嘴のようになる

花期：4、5

シャガ
Iris japonica

春

● 花言葉：友人が多い

● 季　語：夏

人家近くのやや湿った日陰に群生するが、庭にも植えられる。種小名に japonica とあるが、古い時代に中国から渡来した帰化植物。名は、ヒオウギの漢名「射干」からきている。花は朝に咲いて夕方にしぼむ一日花。次々と花が咲いても"三倍体"のため種子が出来ず、根茎かランナー（匍匐枝）を出してふえる。花が蝶が飛んでいるように見えるので胡蝶花ともいう。似たものに日本の自生種ヒメシャガがある。「紫の斑の仄めく著莪の花」高浜虚子。

● 花の色：🔵
● 科　名：アヤメ科
● 別　名：コチョウカ
● 漢字表記：射干
● 分　布：中国
● 分　類：常緑多年草

薄暗い林内で大群落をつくる

花期
1
2
3
4
5
6
7
8
9
10
11
12

青花の中国シャガ

小形で花の色が濃いヒメシャガ

- 花言葉：気品、清純、ひかえめな美
- 季　語：春

シュンラン

Cymbidium goeringii

春

土地の開発や乱獲のため自生地が減っているが、庭や鉢で栽培されている。最も耐寒性のあるシンビジウムの仲間。多くの愛好家がおり、赤、朱、黄、紫、白などの花色や斑の入った葉などを愛でる。園芸では日本産を日本春蘭、中国産を中国春蘭と分ける。別名の「ホクロ」は唇弁に茶色のシミがあるから、「ジジババ」は芯柱を男性器に唇弁を女性器に見立てることによる。文人墨客に愛され、多くの絵画、工芸品のモチーフなっている。

- 花の色：●●●●○
- 科　名：ラン科
- 別　名：ホクロ、ジジババ
- 漢字表記：シュンラン
- 分　布：日本、朝鮮半島、中国
- 分　類：常緑多年草

丘陵地や雑木林の中で見かける

珍重される赤花種

大株になるといくつもの花茎が立つ

花期
1
2
3
4
5
6
7
8
9
10
11
12

春

シラン
Bletilla striata

- ●花言葉：あなたを忘れない、お互いに忘れない、変わらぬ愛、薄れゆく愛
- ●季　語：夏

花壇や庭の樹下に植えられる、最も栽培が容易なラン。四方に広がってふえるので花期には見ごたえがある。名は花色により「紫のラン」の意味。園芸種に赤紫種のほか、白色の白花シラン、花弁が白からピンクで唇弁が赤い口紅シランがあり、最近、青紫色の園芸種アオバナシランが売り出されている。生薬名を白及といい、扁平な数珠玉状の地下茎を乾燥させて、止血、痛み止め、胃炎などの薬用として使用する。

- ●花の色：●●○
- ●科　名：ラン科
- ●別　名：ビャッキュウ、ベニラン
- ●漢字表記：紫蘭
- ●分　布：日本、台湾、中国
- ●分　類：多年草

花期
1
2
3
4
5
6
7
8
9
10
11
12

江戸時代から観賞用に庭に植えている

白花種をシロバナシランと呼ぶ

実の中に何万という細かい種子が入っている

- ●花言葉：希望、信仰、愛情のしるし
- ●季　語：春

シロツメクサ

Trifolium repens

春

名のツメクサは爪草ではなく、詰め草の意味。明治時代、ヨーロッパからの輸入品ガラス器のパッキンとして、この草を乾燥したものが使用されたことによる。キリスト教では3枚の葉を三位一体「父、子、精神」の象徴として布教した。四葉のクローバーは、三位一体に幸福をプラスしたもので、幸せのシンボルとなった。また、葉の一枚目は名誉、二枚目は富、三枚目は愛情のしるし、四枚目は健康をあらわすともいわれている。

- ●花の色：○
- ●科　名：マメ科
- ●別　名：クローバー、ウマゴヤシ
- ●漢字表記：白詰草
- ●分　布：ヨーロッパ
- ●分　類：多年草

葉と花が立ち上がり茎は地面を這う

甘い香りでミツバチを呼び、蜜源となる

まれにみつかる「四葉のクローバー」

花期：4、5、6、7、8

111

スギナ

Equisetum arvense

春

●花言葉：向上心、意外、驚き、努力
●季　語：春

路傍に普通に生えるシダ類。春早く葉が出る前にツクシという胞子体（生殖器官）を出す。ツクシが終わるころ、杉の葉に似た緑の葉を輪生する。シダ類は普通、葉に胞子体が出来るが、スギナのように胞子体と緑の葉（栄養体）が別々に出るのは珍しい。石炭紀の巨大なシダの末裔で、生きた化石といわれる。ツクシは卵とじ、油いためなどで食べる。葉の乾燥したものを生薬名、問荊（もんけい）といい、利尿、解熱、咳止めに使用する。

●花の色：●
●科　名：トクサ科
●別　名：ツクシ、スギナノコ、マツナ、トウナ、カンカンボーズ
●漢字表記：杉菜、土筆
●分　布：日本、北半球温帯全域
●分　類：多年草

花期
1
2
3
4
5
6
7
8
9
10
11
12

ツクシの後からスギナが伸び出る

食用になるツクシ

葉に見える部分は枝で、輪生する

112

スミレ

春

Viora

- ●花言葉：小さな愛、誠実、小さな幸せ、恋の真実
- ●季　語：春

スミレはスミレ類全般を指す場合とスミレViola mandshuricaの一種を指す場合がある。スミレ類には大きく分けて、株から茎を出す有茎種と全ての葉が根生する無茎種がある。有茎種はタチツボスミレ、ツボスミレなど、無茎種にはスミレ、アリアケスミレなどがある。スミレの名は、花の後部にある膨らんだ部分が大工道具の「墨入れ」に似るからという。宝塚歌劇団の「すみれの花咲く頃」は有名だが、正式の団歌ではない。

- ●花の色：●●●●○
- ●科　名：スミレ科
- ●別　名：スモウトリグサ、スモウグサ
- ●漢字表記：菫
- ●分　布：日本、世界の温帯から寒帯
- ●分　類：越年草、多年草

スミレ。スミレ類の代表種で人里に多い

次第に茎が伸びるタチツボスミレ

名の由来になった大工道具の墨入れ

花期: 3, 4, 5

113

春

タネツケバナ
Cardamine scutata

- ●花言葉：勝利、不屈の心、情熱、熱意
- ●季　語：春

耕作前の田や畦などに群生する水田の雑草。名は、花後にタネを付ける意味ではなく、この花が咲くとイネの種、すなわち籾(もみ)を水につけて、苗つくりをはじめる目安にしたことからついた。若葉や花はおひたしなどにして食べるとピリッとした味で美味。最近、花期が早く、乾燥した道などに生える外来種のミチタネツケバナがふえている。区別は果実が花より低く付くのがタネツケバナで、花より高く突き抜けるのがミチタネツケバナ。

- ●花の色：○
- ●科　名：アブラナ科
- ●別　名：タガラシ
- ●漢字表記：種漬花
- ●分　布：日本、アジアの温帯
- ●分　類：越年草、一年草

水田や水辺の湿地で見かける

4弁の十字花で、花弁の長さ3～4mm

細い円柱形の実は長さ2cmほど

- ●花言葉：真実の愛、神のお告げ、愛の信託、ときがたい謎
- ●季　語：春

タンポポ
Taraxacum

春

野山で普通に見られるが、不思議なことに『万葉集』では一首も詠われていない。タンポポは古名を田菜といい、万葉時代は鑑賞や歌の対象ではなく、食料だったからかもしれない。名は鼓草の別名があるように、鼓を打つときのタン・ポンポンという音から連想してつけられたという民族学者の柳田国男の説が有力だが、花後の丸い綿毛が刀の手入れに使うタンポに似るからともいう。英名は葉がライオンの歯に似るのでダンディライオン（ライオンの歯）。

- ●花の色：🟡⚪
- ●科　名：キク科
- ●別　名：ツヅミグサ
- ●漢字表記：蒲公英
- ●分　布：日本、世界温帯、寒帯各地
- ●分　類：多年草

秋まで見られるセイヨウタンポポ

シロバナタンポポ

たくさんの綿毛がついた実は風で飛ぶ

花期
1
2
3
4
5
6
7
8
9
10
11
12

115

春

ナガミヒナゲシ
Papaver dubium

- ●花言葉：癒し、心の平静、慰め
- ●季　語：なし

1961年に東京都世田谷区で初めて見つけられた帰化植物で、主に都市周辺の道路際、中央分離帯、空き地などで爆発的にふえている。道路際に多いのは種子が車によって運ばれることによるもので、一つの芥子坊主に1,000～2,000の種子が入っており、発芽率もよく、繁殖力が強いので、花の時期にはオレンジ色の花が目立つ。名は果実（芥子坊主）が細長く、花がヒナゲシに似ることによる。英名はロング･ヘッディド･ポピー。

- ●花の色：●
- ●科　名：ケシ科
- ●別　名：ナガミノヒナゲシ
- ●漢字表記：長実雛芥子
- ●分　布：地中海沿岸、ヨーロッパ中部
- ●分　類：越年草

花期
1
2
3
4
5
6
7
8
9
10
11
12

最近、都市周辺でよく見かける

朱赤色の花は4弁で直径3～6cm

名前の由来となった長卵形の実。長さ2cm

● 花言葉：なし

● 季　語：春、冬（若菜）

ナズナ

春

Capsella bursa-pastoris

春の七草の一つ。葉を地面に張りつけて冬を過ごす姿が撫でたいように愛らしいので「撫(なで)菜(な)」、夏に枯れるので「夏なき菜」から変化したなど、名の由来はさまざま。実の形が三味線のバチに似ているから別名ペンペングサ。「近江商人の歩いた跡はペンペン草も生えない」というが、これは商売上手な近江商人へのやっかみ。近江商人は「買い手良し、作り手良し、売り手良し」と「三方良し」で励み、多くの大手企業の基(もと)となっている。

● 花の色：○
● 科　名：アブラナ科
● 別　名：ペンペングサ、シャミセングサ
● 漢字表記：薺
● 分　布：日本
● 分　類：一年草

道端や畑、庭の隅などに生える

三味線のバチに似ている三角形の実

古くから若葉を山菜として利用してきた

花期
1
2
3
4
5
6
7
8
9
10
11
12

春

ナノハナ
Brassica

- ●花言葉：快活、明るさ、無関心
  平然としている（カラシナの種）
- ●季　語：春

一般にアブラナ科の野菜で黄色い花を咲かせるものをナノハナといい、アブラナが代表的。七十二候では清明初候に「菜花布金をしく」とあり、黄色のナノハナが一面に咲く様を表している。江戸時代には灯明や食用油のための油を採るために栽培されたのでアブラナの名がある。土手や野原に野生しているのはセイヨウアブラナとセイヨウカラシナが多い。セイヨウアブラナは葉の基部が茎を抱くが、セイヨウカラシナは抱かない。

- ●花の色：🟡
- ●科　名：アブラナ科
- ●別　名：アブラナ、ナバナ、ナタネ
- ●漢字表記：菜の花
- ●分　布：西アジア、北ヨーロッパ
- ●分　類：越年草

花期
1
2
3
4
5
6
7
8
9
10
11
12

明るいナノハナ畑は春の風物詩

葉が茎を抱くセイヨウアブラナ

葉が茎を抱かないセイヨウカラシナ

●花言葉：独立、厳格、復讐、満足

●季　語：春

ノアザミ
Cirsium japonicum

春

多くのアザミ類が自生している。このうち春に咲くのがノアザミで、ほかは夏以降に咲く。ノアザミは花の下の総苞（そうほう）が粘るが、秋に咲くノハラアザミは粘らない。ノルウェーがスコットランドを攻めた時、ノルウェーの斥候がアザミのトゲの痛みに声を上げたので、スコットランドはノルウェーの侵攻を知り救われた。これによりアザミはスコットランドの国花になった。このアザミは棘だらけのアメリカオニアザミで、日本各地に帰化している。

- ●花の色：●○
- ●科　名：キク科
- ●別　名：シソウ
- ●漢字表記：野薊
- ●分　布：日本
- ●分　類：多年草

ノアザミは日本のアザミの代表

8〜10月に咲くノハラアザミ

棘だらけのアメリカオニアザミ

花期
1
2
3
4
5
6
7
8
9
10
11
12

ハルジオン

Erigeron philadelphicus

- ●花言葉：追走の愛
- ●季　語：春

北アメリカ原産で大正中期頃に鑑賞用に導入したが、現在は帰化植物として日本各地のいたるところに繁茂し、日本の「侵略的外来種ワースト100」に選定されている。名は「春に咲く紫苑（しおん）」の意味。手入れをしていない庭、畑などに生えて貧乏くさく見え、また、この花をつむと貧乏になるなどといわれ、別名をビンボウグサという。「はるじをん貧乏墓のならびをり」高島茂。属名のErigeronは「eri（早い）」と「geron（老人）」から。

- ●花の色：○●
- ●科　名：キク科
- ●別　名：ビンボウグサ
- ●漢字表記：春紫苑
- ●分　布：北アメリカ
- ●分　類：越年草

全国的にはびこっている帰化植物

花の直径2〜2.5cm

つぼみはうなだれるように下を向く

ヒメオドリコソウ

Lamium purpureum

春

- ●花言葉：愛嬌
- ●季　語：なし

畑、空地、道端でよく見かける。明治26年に東京で初めて発見された帰化植物。名はオドリコソウに似ていてなおかつ小さいことによる。オドリコソウ同様、花の蜜は甘い。よく似たホトケノザと混生していて、開花前は区別が難しいが、ホトケノザは上部の葉に柄がないが、ヒメオドリコソウには短い柄があるので見分けられる。ホトケノザは春の七草のホトケノザ（コオニタビラコ）と紛らわしいので、植物学者・牧野富太郎はサンガイグサの名を提唱した。

- ●花の色：●○
- ●科　名：シソ科
- ●漢字表記：姫踊子草
- ●分　布：ヨーロッパ
- ●分　類：越年草

草地や道端などで群生している

花は唇形花で上部の葉のわきに咲く

白い花をつけるシロバナヒメオドリコソウ

花期：2〜5

春

フキ
Petasites japonicus

- ●花言葉：待望、愛嬌、真実は一つ、仲間、公平な裁き
- ●季　語：春（フキノトウ）、夏（フキ）

フキノトウはフキの花で、ほろ苦さと香りが身上。待ちわびた春を味覚で告げる、大地からの贈り物でもある。雌雄異株で、雄花は黄白色、雌花は白い花を咲かせる。フキノトウが出る時期にはまだ葉はない。葉は花後、地下茎から直接出る。東北以北には葉柄の長さが人の背丈より大きい、傘やカッパの代用にもなるようなアキタブキがある。名は、干した葉をトイレットペーパーのように使ったので「拭く」がフキになったといわれる。

- ●花の色：🟡
- ●科　名：キク科
- ●別　名：カントウカ、バッケ、バッキア
- ●漢字表記：蕗
- ●分　布：日本、朝鮮半島、中国
- ●分　類：多年草

野菜としても栽培される

淡緑色の苞に包まれたフキノトウ

雌雄異株で、雌株は綿毛をつける

花期：2、3、4

122

散歩で見かける草木花

夏

季語　花言葉　名前の由来

夏

アガパンサス
Agapanthus africanus

- ●花言葉：誠実な愛、恋の季節、恋の便り、恋の訪れ、知的な装い
- ●季　語：夏

梅雨の頃、水玉を宿す青紫の花は清々しい。名前の由来は、ギリシャ語のagape（愛らしい）とanthos（花）の合成語。また、和名のムラサキクンシランは、姿がクンシランに似ていて、紫の花を咲かせることによる。南アフリカに20種ほどの原種がある。交配で多くの園芸品種が作られているが、日本で普通に見かけるのは、明治時代中期に渡来した大型種で、青紫の花（白花種もある）を咲かせる常緑のアフリカヌス種。

- ●花の色：●●●○
- ●科　名：ユリ科（アガパンサス科）
- ●別　名：ムラサキクンシラン
- ●分　布：南アフリカ
- ●分　類：多年草

花期
1
2
3
4
5
6
7
8
9
10
11
12

パラソルを開くように青い花が咲く

小型の品種'ピーターパン'

白花の品種'シルバーベイビー'

124

●花言葉：戦い、頭痛の種、忠実

●季　語：夏

アキレア
Achillea millefolium

夏

属名のアキレアは、ギリシャの医師アキレウスが最初に薬用に使ったことや、ギリシャの英雄アキレスによると言う。和名のセイヨウノコギリソウは、ヨーロッパ由来で葉の縁にノコギリ状に細かい切れ込みがあることによる。花色は白、赤、桃で黄色い大型の品種もある。ヨーロッパでは1オンス（約28グラム）のノコギリソウを布に包んで枕の下に置くと、未来の夫の夢を見るという言い伝えがある。日本には白花のノコギリソウが自生している。

●花の色：●●●●○
●科　名：キク科
●別　名：セイヨウノコギリソウ、ヤロー
●分　布：北半球の寒帯〜温帯
●分　類：多年草

強健で半野生状態でもふえる

白花の品種

葉が細かく深裂する

花期
1
2
3
4
5
6
7
8
9
10
11
12

125

夏 # アゲラタム
Ageratum

- 花言葉：永久の美、幸せを得る、安楽
- 季 語：なし

春から秋に青紫、青、白、ピンクの花がポンポン状（＝飾り玉状）に咲き、花壇などで見かける。中南米に30種ほど分布し、日本では花壇用の矮性種と切り花用の高性種が栽培されている。アゲラタムはギリシャ語の否定を意味する「ア」と、歳をとると言う意味の「ゲラス」により、不老を意味し、花期が長く、花色があせない事に由来した名前。和名のカッコウアザミは、葉が薬草のカッコウ（カワミドリ）に似て、花がアザミに似ることによる。

- 花の色：●●●○
- 科 名：キク科
- 別 名：カッコウアザミ
- 分 布：中南米
- 分 類：一年草

アザミに似た小さな花が次々に咲く

ピンク花の園芸品種

高性種の'ブルーミングスケープ'

アサガオ

夏

Ipomoea nil

- ●花言葉：愛情の絆、はかない恋、固い約束
- ●季　語：秋

日本へは奈良時代末期、遣唐使によって薬用として種子が渡来したとされる。漢名を牽牛(けんぎゅう)と言うのは、古代中国では種子は高価な薬で、牛と同等の価値があることによる。現在も牽牛子(ごし)と呼び、漢方では下剤や利尿剤に使う。万葉集の秋の七種(ななくさ)にある朝顔は、今のキキョウあるいはムクゲを指すという。『枕草子』や『源氏物語』に登場するアサガオは、今の栽培アサガオ。江戸時代には観賞用に栽培され、千変万化の変化アサガオがもてはやされた。

- ●花の色：●●●●●○✿
- ●科　名：ヒルガオ科
- ●別　名：ケンギュウカ
- ●漢字表記：朝顔
- ●分　布：熱帯アジア、熱帯アメリカ
- ●分　類：つる性一年草

夏の朝を彩り涼をよぶなじみの深い花

セイヨウアサガオ'ミルキーウエイ'

江戸時代には黄色があったという

花期
1
2
3
4
5
6
7
8
9
10
11
12

127

アジュガ
Ajuga reptans

夏

- 花言葉：心休まる家庭、強い結びつき
- 季 語：なし

葉に変化がある品種もあり、半日陰の庭の下草や花壇の縁取り、グラウンドカバーなどに使用される。アジュガの名はギリシャ語の「無い」という意味の「ア」と束縛の意味の「ジュゴス」から。ランナー（匍匐枝）を出し、四方に自由に広がるのでこの名がついたと思われる。和名のセイヨウジュウニヒトエは、花が日本に野生するジュウニヒトエに似てヨーロッパ原産であること、また、セイヨウキランソウは葉がキランソウに似ることに因る。

- 花の色：●●○
- 科 名：シソ科
- 別 名：セイヨウジュウニヒトエ、セイヨウキランソウ
- 分 布：ヨーロッパ、中央アジア
- 分 類：常緑多年草

花期：5〜10

花の塔のような花穂が立ち上がる

ピンクの花の品種

斑入り葉の品種'マルチカラー'

- ●花言葉：変化、落ち着いた明るさ
- ●季　語：夏

アスター

夏

Callistephus chinensis

江戸中期に日本に入り、夏から初秋にかけて咲き、切花としても持ちがよいのでお盆の供花用に重宝されている。花の色は赤、青、紫、桃、黄、白など。花の大きさ、咲き方、草丈など変化に富む。名前は、以前アスター属に分類されていたのでアスターの名が残っているが、現在はカリステファス属に分類されている。カリステファスはギリシャ語のカロス「美しい」とステホス「冠」から。アスターはギリシャ語、ラテン語で「星」の意味。

- ●花の色：●●●●●○
- ●科　名：キク科
- ●別　名：エゾキク
- ●分　布：中国北部
- ●分　類：一年草

お盆の頃咲き、お供え花として重宝

一重咲きの品種

花茎が伸びて花弁がよじれる変わり咲き

夏

アメリカフヨウ
Hibiscus moscheutos

- 花言葉：日ごとの美しさ、しとやかな恋人、華やかな生活
- 季　語：秋

赤、桃、白などの大きな花は壮大で見事。花は一日花だが、次々とつぼみがついて長い間楽しめる。近似種と交雑しやすく多くの園芸品種があり、鉢植えもできる小型のものから、花の直径が30cmにもなる「宿根ハイビスカス タイタンビカス」もある。この品種は、園芸草花の中では1、2の大きな花を咲かせる品種で、モミジアオイとの交配種。多花で大きく育つが、冬に地上部は枯れ、宿根性で冬を越す。英名は「コモン・ローズ・マロウ」。

- 花の色：●●○
- 科　名：アオイ科
- 別　名：クサフヨウ
- 漢字表記：亜米利加芙蓉
- 分　布：北アメリカ
- 分　類：宿根草

花径 25cm もの花が暑さにめげず咲く

'ディスコベル・ピンクバイカラー'

ピンク花の品種

- 花言葉：豊かさ、鮮やかな人、短気
- 季　語：秋

インパチェンス

夏

Impatiens walleriana

アフリカの高原原産で暑さ寒さや強い光にも弱いため、室内や夏の日陰の花壇に利用される。室内で適正に栽培すると周年花を咲かす。学名のImpatiensはラテン語で短気の意味。別名のアフリカホウセンカはアフリカ原産で、花がホウセンカに似ることによる。アメリカの探検隊がニューギニアで発見した種から作成したニューギニア・インパチェンスもある。最近、暑さや強光に強く、大型になるサンパチェンスを公園や花壇でよく見かける。

- 花の色：●●●●●○✤
- 科　名：ツリフネソウ科
- 別　名：アフリカホウセンカ
- 分　布：アフリカのタンザニカ〜モザンビーク
- 分　類：常緑多年草、一年草

陰鬱になりがちな日陰を明るくする花々

花色はカラフル

サンパチェンス。直射日光にも強い品種

花期
1
2
3
4
5
6
7
8
9
10
11
12

夏

オイランソウ
Phlox paniculata

- ●花言葉：合意、一致、温和、あなたの気にいれば幸せ
- ●季　語：夏

すっきりと真っ直ぐに立つ茎の先に、赤紫、紅、桃、白色などの花を円錐形に咲かす。花冠は筒部が長く、先が深く5裂する。名は、花の香りが江戸時代の遊女で位の高い、花魁の白粉の匂いに似ているから、または、花の形が花魁の髪型に似ているからともいう。和名のクサキョウチクトウは、草本だが花木のキョウチクトウに似た花をつけることによる。属名のPhloxはギリシャ語のphlogos（炎、燃える）で、種小名のpaniculataは「円錐花序の」意味。

- ●花の色：●●●●○✤
- ●科　名：ハナシノブ科
- ●別　名：クサキョウチクトウ、宿根フロックス
- ●漢字表記：花魁草、草夾竹桃
- ●分　布：北アメリカ
- ●分　類：多年草

花期
1
2
3
4
5
6
7
8
9
10
11
12

仲良く寄り添うように咲く花

斑入り葉種 'ノラ・リー'

花魁のかんざしのような花

- 花言葉：内気、臆病、柔和、病気、あなたを思う、疑いの恋
- 季 語：秋

オシロイバナ

夏

Mirabilis jalapa

花は芳香があり、夕方から赤、白、桃、黄色、それらの絞り咲きの花を開く。同じ株でも違った花色の花を咲かすこともある。花弁に見えるのは萼。寒地では1年草だが暖地では宿根する。栽培もしているが野生化もしている。名は、種子の中が白粉のように白く粉っぽいから。子供達が顔につけて遊ぶ。花が夕方に咲き始めるのでイギリスで「Four o'clock」、中国では風呂に入る時間なので「洗澡花」、夕飯を炊く時間なので「煮飯花」という。

- 花の色：●●●○⌘
- 科　名：オシロイバナ科
- 別　名：ユウゲショウ
- 漢字表記：白粉花
- 分　布：南アメリカ
- 分　類：多年草または一年草

夕闇せまる頃から咲きはじめる花

印象的な赤い花

種をつぶすとおしろいのような粉が出る

花期
1
2
3
4
5
6
7
8
9
10
11
12

夏

ガウラ
Gaura lindheimeri

- 花言葉：負けず嫌い、清楚、我慢できない、ゆきずりの恋
- 季　語：なし

日当たりの良い花壇に栽培されているが、土手の法面(のりめん)に半野生化している事もある。属名のガウラ（Gaura）はギリシャ語の gauros（立派な、華美な）の意味で、美しい花が目立つことから名付けられた。別名のハクチョウソウは長い花茎に白い花が並んで咲く様子が白いチョウが飛んでいるように見えるから。細い茎の先に小さな花が穂状について、風にゆれる姿は、優しい野の花のようにも見える。白花ばかりでなく桃や紅色の品種もある。

- 花の色：○ ● ●
- 科　名：アカバナ科
- 別　名：ハクチョウソウ、ヤマモモソウ
- 分　布：北アメリカ
- 分　類：多年草

花期 1〜12（5〜11強調）

風になびく花は優雅そのもの

蝶が飛んでいるような白花の品種

濃桃色の品種 'リリポップピンク'

134

- ●花言葉：二人の若い愛人のように快活なこと、情熱
  　　　　尊敬、堅実な生き方、妄想、疑い、永続
- ●季　語：秋

カンナ
Canna indica hybrid

夏

庭や道路脇などに植えられている。大きな葉と特異な花形が目立つ。江戸時代に原種のダンドクが栽培されていたが、今は植物園でしか見られない。園芸種は明治時代末期に導入された。赤い花を見ると、山口青邨(せいそん)の句の「女の唇(くち)十も集めてカンナの花」がうなずける。インドでは悪魔が傷つけた仏陀の血から生えたと言う伝説がある。属名のCannaは、古代ケルト語のCana（杖）、またはギリシャ語のKanna（葉、アシ）に由来するという。

- ●花の色：●●●●○
- ●科　名：カンナ科
- ●別　名：ハナカンナ
- ●分　布：中南米
- ●分　類：多年草

黄色の縞斑 'ビューティーイエロー'

炎天下に赤い花を元気に咲かせる

黄花の園芸品種

花期
1
2
3
4
5
6
7
8
9
10
11
12

135

夏

キキョウ
Platycodon grandiflorus

● 花言葉：清楚、気品

● 季　語：秋

つぼみが紙風船のように膨らむので英名はバルーンフラワー。根にサポニンを含み生薬（桔梗根）として去痰、鎮咳、鎮痛、解熱などに使用する。端正な花なので家紋に使われ、陰陽師・安倍清明の五芒星の紋は「清明桔梗」と呼ばれている。『万葉集』に詠まれる秋の七種の「朝貌」は、キキョウという説が有力。朝鮮民謡のトラジはキキョウのこと。膨らんだつぼみの先が5つに割れて花が咲く。「桔梗の花咲くときポンと言ひそうな」加賀千代女。

● 花の色：●●●○✽
● 科　名：キキョウ科
● 別　名：アリノヒフキ、キチコウ
● 漢字表記：桔梗
● 分　布：日本、東アジア
● 分　類：多年草

落ち着いた女性のような端正な花

英名バルーンフラワー、キキョウのつぼみ

安倍清明の判紋、「五芒星、清明桔梗紋」

- ●花言葉：愛国心、困難に打ち勝つ、恋の炎
- ●季　語：夏

キンレンカ

Tropaeolum majus

夏

葉や実に辛味があり、サラダなどにされ、若い実はピクルスにする。別名のナスタチウムは本来クレソン属の学名だが、刺激のある辛味がクレソンと共通し、同じように利用することから、英名としても用いられるようになった。学名Tropaeolumはギリシャ語のトロフィーを意味するTropaion（トロパイオン）に因る。トロフィーは元々敵から奪った楯や兜など戦利品を意味し、この植物の葉を楯に、花を兜に見立てて命名された。

- ●花の色：●●●●
- ●科　名：ノウゼンハレン科
- ●別　名：ノウゼンハレン、ナスタチウム
- ●漢字表記：金蓮花
- ●分　布：ペルー、コロンビア、メキシコ
- ●分　類：一年草

半つる性でハンギングにも良い花材

葉や花は香辛野菜

斑入り種

夏

グラジオラス
Gladiolus

- ●花言葉：勝利、忍び逢い、用心深い、楽しい思い出
- ●季　語：夏

江戸時代末期に渡来。春咲きと夏咲き種がある。名は、葉が細長い剣状なので、古代ラテン語の小型の剣を意味するグラディウス Gladius に由来し、戦闘準備完了の意味もある。古代では、恋人たちは花籠に入れたグラジオラスの花数で密会の時間を知らせあったという。別名の唐菖蒲(とうしょうぶ)は外来の菖蒲の意味。阿蘭陀菖蒲(おらんだしょうぶ)はオランダ人が日本に伝えたことによる。「刃のごとくグラジオラスの反りにけり」佐久間慧子。

- ●花の色：●○●●●●●⌘
- ●科　名：アヤメ科
- ●別　名：トウショウブ、オランダショウブ
- ●分　布：南アフリカ、地中海沿岸
- ●分　類：球根植物

色鮮やかな花が次々と開く夏の定番

緑花の品種 'グリーンアイル'

ピンクと白のバイカラー品種 'ウィンドソング'

- 花言葉：秘密のひと時、あなたの容姿に酔う、小さな愛
- 季　語：夏

クレオメ

Cleome spinosa

夏

明治初期に渡来し、野生化している所もある。夕方から咲き始め、日中暑くなるとしぼむ一日花。花には芳香があり、夜行性の蛾が集まる。別名の風蝶草（ふうちょうそう）は、花の姿が風に舞う蝶のように見えることから、酔蝶花（すいちょうか）は、ピンクの花が酒に酔った蝶のように見えるからついた名。長い爪のある4枚の花弁と7〜8cmもある6本の雄しべが長く突き出てクモの足のように見えるので、英名はスパイダーフラワー、またはスパイダープランツ。

- 花の色：●○
- 科　名：フウチョウソウ科
- 別　名：フウチョウソウ、スパイダーフラワー、スイチョウカ
- 分　布：熱帯アメリカ
- 分　類：一年草

風に舞うチョウのような花

夕刻に咲き、翌日、昼前にはしぼむ花

矮性（わいせい）の園芸種 'ハミングバード'

花期
1
2
3
4
5
6
7
8
9
10
11
12

139

ケイトウ

Celosia argentea

- 花言葉：おしゃれ、風変わり、感情的、個性、色あせぬ恋
- 季　語：秋

奈良時代に渡来した。名は、ニワトリのとさかの意で、英名もコックコウム（雄鶏のとさか）。中国には「男の生き血を吸おうと美女に変身した大ムカデと、その正体を知った雄鶏が戦い、ムカデを退治した雄鶏自身も力尽きて死んでしまう。男（飼い主）を守った雄鶏を葬った場所に生えたのがケイトウ」という説話がある。東南アジアやアフリカでは、花や葉を食用にしている。最近、日本でも近似種のヒモゲイトウの種子をアマランサスと言って、健康食品として利用している。

- 花の色：●●●○●
- 科　名：ヒユ科
- 別　名：カラアイ、ケイカンカ
- 漢字表記：鶏頭
- 分　布：熱帯アジア、アフリカ
- 分　類：一年草

直立する茎の先に個性的な花をつける

ニワトリの鶏冠のような特異な花

矮性種の羽毛ゲイトウ 'きものシリーズ'

コリウス 夏

Plectranthus scutellarioides

- ●花言葉：善良な家風、絶望の恋、恋の望み、健康
- ●季　語：なし

花より葉の鑑賞のため、夏の花壇や鉢植えで栽培されている。種子から育てた一年草の実生系（みしょうけい）と、挿し木などでふやした栄養系がある。栄養系は10℃以上あれば越冬する多年草。どちらも、緑、赤、ピンク、黄、オレンジ、サーモンピンク、黒紫などの葉色があり、葉の模様も多彩。秋口に花穂を出すが、花を咲かせると、葉の色があせるので、花穂はつみとる。古い名前のコリウスで親しまれているが、現在はプレクトランサス属。

- ●花の色：●
- ●科　名：シソ科
- ●別　名：キンランジソ、ニシキジソ
- ●分　布：熱帯アフリカ、熱帯アジア、オーストラリア、フィリッピン、東インド諸島
- ●分　類：一年草、多年草

カラフルな葉を楽しむ '摩天楼'

黒い葉が印象的な 'ブラックマジック'

秋には花も咲く。品種は 'ミカノビ'

花期：5〜10

夏

シャスタデージー
Leucanthemum x superbum

- ●花言葉：万事忍耐、全て耐え忍ぶ
- ●季　語：なし

アメリカの育種家(いくしゅか)ルーサー・バーバンクが1901年に発表した園芸種。交配親はクリサンセマム・マキシム、フランスギク、日本産のハマギクといわれる。一重、八重、丁子(ちょうじ)咲きなどの品種があり、花壇に植えたり、切花にもする。名は、花が純白で万年雪を思わせ、アメリカ カリフォルニア州のシエラネバタ山脈の、アメリカ先住民の霊峰シャスタ山に因(ちな)む。耐寒性の常緑多年草。よく似たフランスギクやマーガレットとは葉の形が異なる。

- ●花の色：○
- ●科　名：キク科
- ●別　名：シャスタギク、
　　　　　レウカンサ・スーパーバム
- ●分　布：交配種
- ●分　類：常緑多年草

花期
1
2
3
4
5
6
7
8
9
10
11
12

雪山の頂のような白い花を開く

八重咲きの品種 '銀河'

高貴な感じの 'シルバープリンス'

宿根アスター

Aster

夏

- ●花言葉：いつも愉快、ひとめぼれ、友情、悲しみ、飾り気のない人
- ●季　語：なし

500種以上あるアスター属の内、園芸的には多年草のものを宿根アスターと呼ぶ。よく見かけるクジャクアスターは、クジャクが羽を広げたような姿で、多数の花を咲かせる。北アメリカ原産のシロクジャクを元に交配した園芸種は青紫、桃色、白色の品種がある。また、北アメリカ原産だが、日本的な名前を持つユウザンギクもこの仲間で、直立する茎の先に紅や青、紫などの小ギクに似た花を咲かせる。日本にはノコンギクとシオンがある。

- ●花の色：●●●●○
- ●科　名：キク科
- ●別　名：クジャクソウ、シロクジャク、キダチノコンギク、クジャクアスター
- ●分　布：北アメリカ、ヨーロッパ、アジア
- ●分　類：多年草

白いクジャクの羽のような花

ピンクの花の品種

白と紫の八重品種

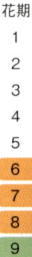

花期: 6, 7, 8, 9, 10

143

夏

サルビア
Salvia

- ●花言葉：家族愛、燃ゆる想い、知恵、全て良し
- ●季　語：夏

サルビア類には一年草、多年草、小木になるものまで、多種多様なものがある。サルビアとセージは同義語で、鑑賞用の品種をサルビアといい、ハーブや薬用に利用するものをセージと呼ぶ傾向がある。Salvia はラテン語の Salvere「治癒」、Sage はフランス語の古語 Saulje「賢人」からとったものだという。一般にサルビアというとスプレンデンス（splendens）やブルーサルビアのファリナセア（farinacea）をさす場合が多い。

- ●花の色：●○●●●●●●
- ●科　名：シソ科
- ●別　名：ヒゴロモソウ
- ●分　布：世界各地
- ●分　類：一年草、多年草、小木

花期 1–12

炎ような赤い花スプレンデンス種

涼しげなブルーサルビア

黄金葉のパイナップルセージ

144

- ●花言葉：いつも愛して、ウイット、機転、名誉、思慕
- ●季　語：夏

スイセンノウ
Lychnis coronaria

夏

花壇に植えられる。高温多湿にやや弱いがこぼれ種でよくふえ、逃げ出して野生化もしている。名は、花色が酔った時のように赤いので酔仙翁という。センノウは以前、京都の仙翁寺で栽培されていた中国産の花の名。葉に白い柔らかい毛が生えていて、さわり心地が布のフランネルに似るので別名フランネルソウ。属名のLychnisはギリシャ語のlychnos（炎）に由来し、種小名のcoronariaは花輪を意味する。

- ●花の色：●●○
- ●科　名：ナデシコ科
- ●別　名：フランネルソウ
- ●漢字表記：酔仙翁
- ●分　布：南ヨーロッパ
- ●分　類：越年草

葉はフランネルのような肌触り

赤花種

白花種

花期
1
2
3
4
5
6
7
8
9
10
11
12

145

夏

スイレン
Nymphaea

- ●花言葉：心の純潔、純情、信頼
- ●季　語：夏

園芸的に温帯スイレンと熱帯スイレンに分けられる。温帯スイレンは耐寒性が強く、花が水面に浮かぶように咲くが、熱帯スイレンは耐寒性がなく、水面より高く花茎を出して花を開く。ドイツには、水辺に住む妖精は人が近づくとスイレンに姿を変え、人が去ると妖精にもどり、葉の下には花をとろうとする者を水の中に引きずり込む魔物がすんでいる、などいう民話がある。属名の Nymphaea は水の女神 Nympha（ニンファー）による。

- ●花の色：●●●○
- ●科　名：スイレン科
- ●別　名：ヒツジグサ
- ●漢字表記：睡蓮
- ●分　布：インド、東南アジア、エジプト
- ●分　類：水生多年草

花期
1
2
3
4
5
6
7
8
9
10
11
12

色とりどりの温帯スイレン

小型のヒメスイレン

熱帯スイレン 'キング・オブ・ブルー'

ストケシア

夏

Stokesia laevis

- ●花言葉：清らかな乙女、清楚な娘、追憶、追想
- ●季　語：夏

大正初期に渡来し、花壇の花や切花として利用される。瑠璃菊(るりぎく)の和名もあるように、花色は青紫が基本だが、最近は赤、ピンク、黄など多様な色の品種がある。ストケシアはラエヴィスの1種のみ。名は、ルナー・ソサエティ(1765年、イギリスのバーミンガムに設立され、満月の夜に集まる科学者、知識人の交流団体)に所属していたイギリスの植物学者ジョナサン・ストークスに因(ちな)む。種小名のlaevisは「平滑な」の意味。

- ●花の色：●●●●●○
- ●科　名：キク科
- ●別　名：ルリギク、エドムラサキ
- ●分　布：北アメリカ南東部
- ●分　類：多年草

紫と白の二色咲き'るりこまち'

紫花の品種

白花の品種

花期
1
2
3
4
5
6
7
8
9
10
11
12

夏

セイヨウオダマキ
Aquilegia

- 花言葉：必ず手に入れる、愚か、断固として勝つ
- 季　語：春（オダマキも含む）

外国産のオダマキを交配した園芸種。オダマキの名は花の形が苧環（おだまき）に似ることに因（よ）る。苧環は紡いだ糸を中が中空になるように巻きつける道具。静御前（しずかごぜん）が源頼朝の前で歌い舞った「しずやしず賤（しず）のおだまき繰り返し昔を今になしよしもなが」の歌が有名。中世のヨーロッパでは花の形が鳩（コルンバ）が飛んでいる姿に似るので、ラテン語でコルンピナと呼ばれ、鳩と共に聖霊のシンボルとなり、絵画などによく描かれた。

- 花の色：●●●●○
- 科　名：キンポウゲ科
- 別　名：アキレギア
- 漢字表記：西洋苧環
- 分　布：日本、アジア、ヨーロッパ
- 分　類：多年草

花期
1
2
3
4
5
6
7
8
9
10
11
12

派手で特異な花形の花が下向きに咲く

赤と白の紋章のような'マッカナジャイアント'

八重咲きの園芸種'タワー・ライト・ブルー'

148

センニチコウ 夏

Gomphrena globosa

- 花言葉：変わらぬ愛、変わらぬ友情、不朽
- 季　語：夏

園芸種はセンニチコウのglobosa種とキバナセンニチコウのhaageana種が主。小さな花が球形に集まる。花弁に見えるのは苞が発達して色づいたもので、かさかさしている。江戸時代の園芸書『草花絵前集』（1699年）に「花形はイチゴのようで、9、10月ごろ花を刈り取り陰干しをして、冬に立花の下草に使う。色かわらずして重宝なるもの」とある。現在でもドライフラワーにしてフラワーアレンジメントや仏花として使用する。

- 花の色：●●○○
- 科　名：ヒユ科
- 別　名：センニチソウ
- 漢字表記：千日紅
- 分　布：北アメリカ、南米
- 分　類：一年草

素朴で愛らしい花は色があせない

ドラムスティックが集まったような花

'ストロベリー フィールド'

花期：7、8、9、10

149

夏

耐寒マツバギク
Delosperma floribunda

- ●花言葉：ゆったりした気分
  （デロスペルマ）
- ●季　語：夏（マツバギク）

花壇のほか、日当りの良い石垣や街路樹の下などに這うように広がり、春から秋遅くまで花を咲かせる。花色は赤紫、ピンク、黄、白などの品種があるが、見かけるのは赤紫色の'麗晃'（'花嵐山'）が多い。花は昼に開き、夜閉じる。ロックガーデンやグラウンドカバーに利用される。名は、耐寒性があり、花がマツバギクに似てることに因る。属名の Delosperma はギリシャ語の delo（明白な）と sperma（見えやすい種子）の意味から。

- ●花の色：●●●○
- ●科　名：ハマミズナ科（ツルナ科）
- ●別　名：デロスペルマ、
  　　　　耐寒性マツバギク
- ●漢字表記：耐寒松葉菊
- ●分　布：南アフリカ
- ●分　類：常緑多年草

花期
1
2
3
4
5
6
7
8
9
10
11
12

メタリックな輝きを放つ花'麗晃'

黄花の品種'ゴールドラッシュ'

茶色い花の品種'レッドマウンテン'

- 花言葉：平安、熱烈な恋、高貴、威厳、大きな志
- 季 語：夏

タチアオイ

Althaea rosea、シノニム：Alcea rosea

夏

日本には中国から薬用として渡来した。渡来時期は不明だが、平安時代には唐葵(からあおい)という名で栽培されており、江戸時代から立葵(たちあおい)と呼ばれる。中国では唐の時代以前は蜀葵(しょっき)、戎葵(じゅうき)、胡葵(こき)などと呼んで、ボタンが盛んに栽培される以前は庭の名花であった。英名のhollyhock（ホリホック）はhollyがholy（聖）に通じ、十字軍がシリアの聖地から持ち帰ったことによるという。hockはくるぶしの意味で、茎が節くれているのが語源。

- 花の色：🔴🟣🩷🟡⚫⚪
- 科 名：アオイ科
- 別 名：ホリホック、ハナアオイ
- 漢字表記：立葵
- 分 布：南西アジア
- 分 類：多年草、越年草、一年草

花が咲き終わる頃には梅雨もあけるという

二色で一重咲きの品種 'マーキュリー'

濃色の赤い花 'プルート'

花期
1
2
3
4
5
6
7
8
9
10
11
12

夏 # ダリア
Dahlia

- ●花言葉：栄華、優美、威厳、移り気、不安定
- ●季　語：夏

1842年（天保13年）頃、オランダ人によりインド経由で渡来したので天竺牡丹の別名がある。ナポレオンの妃ジョセフィーヌはダリアを愛し球根を誰にも分け与えなかったが、侍女が盗み出し咲かせた事から急に栽培をやめたという。ゆえに花言葉は「移り気」。ダリアは有毒とされていたが、原産地メキシコ、グァテマラでは球根、花、葉を食用にしている。福島県塙町では食用ダリアを栽培して「ダリア懐石」として観光資源にしている。

- ●花の色：●●●●●○
- ●科　名：キク科
- ●別　名：テンジクボタン
- ●分　布：メキシコ、グァテマラ
- ●分　類：球根植物

花の咲き方がバラエティーに富む

カクタス咲き'晴天の星'

天に届くように咲く大型のコウテイダリア

- ●花言葉：燃える思い
- ●季　語：秋、夏（花）、冬（枯れ芭蕉）

バショウ
Musa basjoo

夏

冬に地上部が枯れても、翌春に新しく芽を出す草本で、温帯に産し熱帯では見られない。幹に見えるのは葉柄が重なり合ったもので偽茎という。花も実もバナナに似る。実は食べるには不適だが、追熟させると食用可能という。沖縄のリュウキュウイトバショウは、葉の繊維で布を織り、芭蕉布(ばしょうふ)をつくる。松尾芭蕉の芭蕉とは、深川の庵にバショウを植えたことによるという俗説がある。「芭蕉野分(のわき)して盥(たらい)に雨を聞夜哉(きくよかな)」芭蕉。

- ●花の色：🟢🟡
- ●科　名：バショウ科
- ●別　名：ジャパニーズバナナ
- ●漢字表記：芭蕉
- ●分　布：中国
- ●分　類：多年草

風に揺れる葉は南国のイメージ

大きな苞が重なり合った花

枯芭蕉は冬の季語

夏 # ハス
Nelumbo nucifera

● 花言葉：雄弁、休養、沈着、神聖、清らかな心、離れいゆく愛
● 季　語：夏

ハスは蓮華(れんげ)とも呼ばれ、仏教では仏陀の誕生を告げた花で、仏像の台座に意匠されている。中国では泥中から清楚な花を咲かせるので「君子の花」という。食用部を蓮根(れんこん)と言うが、植物学的には食用部は根ではなく、地下茎。レンコンにある穴は泥中でも空気が通る管。弥生時代の地層に発見されたハスの種が発芽、生育し、「大賀ハス」「古代ハス」として有名。ハスの名は、実が蜂の巣に似るのでハチスがハスになった。

● 花の色：●○●
● 科　名：ハス科
● 別　名：レンゲ、レンコン、ハチス、イケミグサ
● 漢字表記：蓮
● 分　布：インド
● 分　類：水生多年草

花期
1
2
3
4
5
6
7
8
9
10
11
12

古代から目覚めた大賀ハス

水鉢でも育つチャワンバス '碧翠蓮'

蜂の巣のような実は別名ハチスの由来

154

- 花言葉：うれしい知らせ、心意気
- 季　語：夏

ハナショウブ

Iris ensata

夏

ハナショウブはノハナショウブの園芸種で、英名をジャパニーズアイリスという。ハナショウブの園芸化は江戸時代に大いに進化し、育生地ごとに特異な品種系統ができた。現在は江戸系、伊勢系、肥後系、長井古種系のほか、外国で誕生したものや外国のアイリスを交配した外国系も多数ある。アヤメやカキツバタに似ているが、違いは、葉の中心にある筋が突起していること。何より花が豪華で、梅雨空によく似合うのが魅力。

- 花の色：●●●●○
- 科　名：アヤメ科
- 漢字表記：花菖蒲
- 分　布：日本
- 分　類：多年草

落ち着いた色合いの花が魅力

色とりどりの群生美を楽しむ菖蒲園

キショウブとの交配種'愛知の輝'

花期
1
2
3
4
5
6
7
8
9
10
11
12

155

夏

ヒマワリ
Helianthus annuus

- ●花言葉：私の目はあなただけをみつめる、憧れ、崇拝、偽りの富
- ●季　語：夏

日本では主に観賞用に栽培されているが、ロシア、ウクライナ、アルゼンチンなどではヒマワリ油を採取するために栽培されている。ロシアの国花。ヒマワリはカリウムの吸収力が高いことから、性質が似ているセシウムも吸収するとして福島県の原発事故以来多く栽培された。しかし、農林水産省はそのような効果はないとの見解。属名の Helianthus はギリシャ語の「helios（太陽）と anthos（花）」から。英名は Sun flower。

- ●花の色：🟡🟠🟤✼
- ●科　名：キク科
- ●別　名：サンフラワー、ニチリンソウ、ヒュウガアオイ
- ●漢字表記：向日葵
- ●分　布：北アメリカ
- ●分　類：一年草

花期
1
2
3
4
5
6
7
8
9
10
11
12

青空に映える大輪のロシアヒマワリ

八重咲きで小型の品種 'テディベアー'

花色が特異な 'ミラクルカラー'

156

- 花言葉：なし
- 季　語：夏

ヒャクニチソウ
Zinnia

夏

1769年にメキシコからスペインのマドリード植物園に導入され、日本へは江戸時代の末に渡来した。花期が長いのでこの名があり、花壇や仏花として栽培されている。属名のZinniaは18世紀のドイツの植物学者の名に因む。園芸品種が多く、小輪から大輪、草丈70cmの高性種から15cmの矮性種があり、花色も豊富。最近は矮性のジニア・リネアリスも多く栽培されている。「水替へるはじめ仏間の百日草」長谷川久々子。

- 花の色：●●●●○⌘
- 科　名：キク科
- 別　名：ジニア
- 漢字表記：百日草
- 分　布：メキシコ
- 分　類：一年草

暑さに強く、花期が長いのが魅力

緑の八重咲き品種 'クイーンライム'

リネアリス系の 'プロフュージョン'

夏 # ペチュニア
Petunia

- 花言葉：変化に富む、あなたがそばにいると心が和む、心の安らぎ
- 季　語：夏

庭や花壇、コンテナで栽培されている。園芸種はウルグアイ産の白花とブラジル産の赤紫の花の交配が始まり。以前は日本では花壇の主役ではなかったが、1989年サントリーが暑さや多雨の日本の気候に合うサフィニアという品種を発表し、これが大いに当たった。それ以後、各種苗会社が品種改良を競い合い、「ペチュニア戦争」といわれた。属名のPetuniaは、ブラジルのグアラニ語の「ペチュン」でタバコを意味する。

- 花の色：●●●●○
- 科　名：ナス科
- 別　名：ツクバネアサガオ
- 分　布：南アメリカ
- 分　類：一年草

花期：5〜10

漏斗形の花が次々に咲く'プリティマ・ピカソ'

ピンクで多花性の'オパークピンク'

黒花の品種'ブラックベルベット'

ヘメロカリス

Hemerocallis

夏

- ●花言葉：コケットリー、宣言、媚態
- ●季　語：なし

ヘメロカリス属は野生種も多くあるが、園芸では日本のユウスゲ、ノカンゾウ、ヤブカンゾウ、中国種などをヨーロッパで品種改良をしたものを一般にヘメロカリスと呼んでいる。花は一日花で、属名のHemerocallisは、ギリシャ語のHemero（一日）とcallis（美）に由来し、英名もデイリリーという。野生種のヤブカンゾウは、別名をワスレグサといい、これを食べると憂いを忘れるということから名づけられたもの。

- ●花の色：●●●●○
- ●科　名：ユリ科
- ●別　名：デイリリー
- ●分　布：日本、中国
- ●分　類：宿根草

花は一日花だが長期間咲き続ける

花形や花色が豊富な上に丈夫

ヤブカンゾウ

花期: 6, 7, 8

夏

ホウセンカ
Impatiens balsamina

- ●花言葉：私に触れないで、忍耐なし、短気
- ●季　語：秋

名は、中国名の鳳仙花を音読みしたもの。熟した実が少しの衝撃でもすぐにはじけることから、属名のImpatiensは、ラテン語のimpatient（我慢できない）が語源。ギリシャ神話では、美しい女神が盗みの疑いで裁かれ、濡れ衣だとわかって疑いは晴れたが、潔癖な女神は屈辱の悔しさと怒りで、ホウセンカになったという。実に触れると即座にはじけるのは、今も、胸を開いて身の潔白を訴えているからだといわれている。

- ●花の色：●●●○
- ●科　名：ツリフネソウ科
- ●別　名：ツマクレナイ（ツマベニ）
- ●漢字表記：鳳仙花
- ●分　布：インド、東南アジア
- ●分　類：一年草

花期：7, 8, 9

赤花の汁で爪を染めたので爪紅の名もある

一重咲きの品種

熟した実は触れるとすぐにはじける

- ●花言葉：心の平安、不思議、自然美、わたしを誘ってください、半信半疑、たよりない
- ●季　語：秋（花）、夏（青い実）

ホオズキ

夏

Physalis alkekengi var. franchetii

昔は薬用に栽培されたが、今では鑑賞用や仏の供え物用に栽培される。江戸時代から続くホオズキ市は夏の風物詩。赤く熟した実をよくほぐし、中の種を取り出して口に含み鳴らす遊びは、平安時代からあり『栄華物語』や『源氏物語』に出てくる。『古事記』では、赤い実をヤマタノオロチの眼に見立てて、アカカガチといった。「酸漿」は漢名。赤い実を鬼の提灯に見立てて「鬼灯」の文字を当てる。「鬼灯の口つきを姉が指南哉」小林一茶。

- ●花の色：○ 🟡
- ●科　名：ナス科
- ●別　名：アカカガチ、ヌカヅキ
- ●漢字表記：鬼灯、酸漿
- ●分　布：日本、東南アジア
- ●分　類：多年草

江戸時代から「ほおずき市」で親しまれる

白くかわいい花

実を包むガクの繊維が残り中が見える虫鬼灯

花期：6、7

夏

ポーチュラカ
Portulaca

●花言葉：無邪気、可憐
●季　語：夏

花壇や法面(のりめん)などにグラウンドカバーとして栽培するカラフルな花。この植物の来歴ははっきりせず、スベリヒユとマツバボタンの交配種、またはタチスベリヒユの突然変異ともいわれている。1983年ドイツから導入され、1990年の大阪花博で知られた。暑さに強く、カラフルなので夏の花として広く栽培されている。本来は多年草だが、寒さに弱いので園芸では一年草扱い。よく似たマツバボタンは葉が棒状で、ポーチュラカはヘラ状である。

●花の色：●●●●●○
●科　名：スベリヒユ科
●別　名：ハナスベリヒユ、
　　　　　ヘラマツバボタン
●分　布：園芸種、原産地不明
●分　類：一年草

花期
1
2
3
4
5
6
7
8
9
10
11
12

カラフルでメタリックに輝く花が人気

黄花の品種

'サンサン'

162

マツバギク

夏

Lampranthus

- ●花言葉：忍耐、心広い愛情、のんびり気分、怠惰
- ●季　語：夏

暑さや乾燥に強く、日当りの良い石垣の隙間などでもよく見かける。名は花がキクに似て、多肉質の葉がマツの葉に似ていることによる。光沢のある花は日が当たると開き、夕方から夜、曇りの日には閉じる。多年草だが寒さにはやや弱く、暖地でないと越冬できない。よく似ていて、寒さに強い「耐寒マツバギク」とは属が異なる。属名のLampranthus（ランプランツス）はギリシャ語のlampros（輝かしい）とanthos（花）に由来する。

- ●花の色：●●●●○
- ●科　名：ハマミズナ科（ツルナ科）
- ●別　名：ランプランサス
- ●漢字表記：松葉菊
- ●分　布：南アフリカ
- ●分　類：多年草

細い花弁の集まりがキクの花のよう

赤紫色の品種

白花の品種

花期
1
2
3
4
5
6
7
8
9
10
11
12

夏

マツバボタン
Portulaca grandiflora

● 花言葉：可憐、無邪気
● 季　語：夏

江戸時代に渡来した。暑さや乾燥に強く、日当りの良い庭などに植えられて、花のじゅうたんをつくる。雄しべに触れると一斉に動く。名は、花がボタンに、葉が松葉に似ることに因る。一重と八重咲きがあり、一日花だが夏の強光下でも良く咲くので、日照草、天気草、毎年こぼれ種でふえるので不亡草などの別名があるほか、爪で茎をちぎって挿し芽ができるほど丈夫で、爪切草とも呼ばれる。「松葉牡丹ぞくぞく咲けばよきことも」山崎ひさを。

● 花の色：●●●●○
● 科　名：スベリヒユ科
● 別　名：ヒデリソウ、テンキグサ、ハナマツナ、ホロビンソウ
● 漢字表記：松葉牡丹
● 分　布：南アメリカ
● 分　類：一年草

小さなボタンのような花を開く八重咲き種

プランター栽培

一重咲き種

マリーゴールド
Tagetes

夏

- ●花言葉：信頼、悲しみ、嫉妬、勇者、生命の輝き
- ●季　語：秋

名はマリアとゴールドの組み合わされたもので「処女マリアの金色の花」の意味。本来は、金色の花を咲かせるキンセンカを指し、シェークスピアの「冬物語」に登場するマリーゴールドもキンセンカだが、16世紀にメキシコから今日のマリーゴールドが欧州に導入されると、キンセンカに取って代わったという。大型のアフリカン種と小型のフレンチ種があり、独特の匂いは害虫のネマトーダを防除するので、他の植物と混植すると良い。

- ●花の色：🟠🟡⚪
- ●科　名：キク科
- ●別　名：センジュギク、マンジュキク、クジャクソウ
- ●分　布：メキシコ
- ●分　類：一年草、多年草

黄やオレンジの暖色系の花色が多い

一重咲きの'ディスコイエロー'

アフリカンマリーゴールド'ポルックス・ミックス'

花期
1
2
3
4
5
6
7
8
9
10
11
12

夏

ムラサキツユクサ

Tradescantia X andarsoniana

- ●花言葉：快活、尊厳、尊び、尊敬しています、一時の幸せ、優秀、熱狂
- ●季　語：秋

草地や道端などに野生化もしているが、よく見かけるのはムラサキツユクサとオオムラサキツユクサの交配種のアンダーソニア種。オオムラサキツユクサは、Spider-wort（クモ草）やTrinity-Flower（三位一体花）、Widow' Tears（未亡人の涙）の英名がある。雄しべの毛の細胞が大きいので細胞の観察に使う。市川定夫博士はムラサキツユクサが放射線の影響で、青の優勢遺伝子を持つ雄しべの先の細胞がピンクに突然変異すると証明した。

- ●花の色：●●●○
- ●科　名：ツユクサ科
- ●漢字表記：紫露草
- ●分　布：北アメリカ
- ●分　類：多年草

花期
1
2
3
4
5
6
7
8
9
10
11
12

朝露の似合う花で3枚の花弁を優雅に開く

葉が黄色で花が紫の'パープル＆ゴールド'

八重咲きの園芸種'キュルレア・プレナ'

166

● 花言葉：温和、やさしさ

● 季　語：夏

モミジアオイ

夏

Hibiscus coccineus

夏の花壇で、人の背丈より高く、大きなハイビスカスに似た赤い花をつけてよく目立つ。名は、葉がモミジの葉のように切れ込み、花がアオイに似ることに因る。中国原産のトロロアオイを黄蜀葵（おうしょっき）と呼ぶのに対し、花色から紅蜀葵（こうしょっき）の別名がある。属名のHibiscusのHibisはエジプトの美しい女神の名に由来。最近は白花やアメリカフヨウとの交配種、タイタンビカスも売り出された。「絶望も生き甲斐ならむ紅蜀葵」平井照敏。

● 花の色：●○
● 科　名：アオイ科
● 別　名：コウショッキ
● 漢字表記：紅葉葵
● 分　布：北アメリカ
● 分　類：多年草

夏の青空に赤い花がよく目立つ

赤花の品種

まだ珍しい白花の品種

花期
1
2
3
4
5
6
7
8
9
10
11
12

167

夏

ユリ
Lilium

● 花言葉：貴重、稀少

● 季　語：夏

ユリは「揺り」の意で、すらりと伸びた茎に大きな花をつけて、少しの風でも揺れることに由来した名で、漢名の「百合」は、球根が多数の鱗片が重なり合っていることによる。キリスト教では純白のマドンナリリーをマリアの純潔の象徴として、受胎告知などの絵画に描かれている。クレタ島からは世界最古のユリの絵が発掘されている。日本のユリ、特にテッポウユリは欧米の人々を魅了し、明治時代に多くの球根が輸出され外貨を稼いだ。

● 花の色：●●●○
● 科　名：ユリ科
● 別　名：リリー
● 漢字表記：百合
● 分　布：北半球の亜熱帯、温帯、亜寒帯
● 分　類：球根性多年草

強い芳香のある大輪の花を開くヤマユリ

ヒメサユリ（オトメユリ）

気高い印象のマドンナリリー

- 花言葉：繊細、優美、疑惑、私に答えください
- 季　語：夏

ラベンダー

lavandula

夏

香水、鎮痛、精神安定、殺菌、防虫などに利用する。古代ローマ時代から浴用剤として使われ、属名の lavandula はラテン語の lavo が語源で、洗うの意味から。江戸時代に一度渡来しているが、本格的には昭和12年にフランスから種子を導入し、北海道、長野、岡山で栽培した。観光資源としても重要視され、北海道の富良野、美瑛などが有名。イングリッシュ・ラベンダー、フレンチ・ラベンダー、レースラベンダーなど品種が多い。

- 花の色：●●●○
- 科　名：シソ科
- 別　名：ラバンドゥラ
- 分　布：地中海沿岸
- 分　類：常緑低木

香りも高いイングリッシュラベンダー

ストエカス種 'エイボンビュー'

レースラベンダー 'スパニッシュアイ'

花期
1
2
3
4
5
6
7
8
9
10
11
12

夏

リコリス
Lycoris

- 花言葉：快楽、誓い、深い思いやり、再会、悲しい思い出
- 季　語：夏（ナツズイセン）

地下に鱗茎（球根）を持つヒガンバナに代表される仲間で、園芸ではショウキラン、ナツズイセン、スプレンゲリーなどを指す。多くは花の時期に葉がない。名は、ローマ皇帝のマルクス・アウレリウス・アントニウスの愛人の名に由来するとも、ギリシャ神話の海の女神「リュコリアス（Lycorias）」に因(ちな)むともいう。いずれも花の美しさを称えたもの。鱗茎を薬用として去痰、催吐薬として利用するが、アルカロイドを含み有毒植物。

- 花の色：●●●○
- 科　名：ヒガンバナ科
- 分　布：日本、中国、東アジア
- 分　類：球根性多年草

花期
1
2
3
4
5
6
7
8
9
10
11
12

夏の終わり頃咲くピンクのナツズイセン

晩秋に咲くショウキズイセン

特異な花色のスプレンゲリ種

ルドベキア

Rudbeckia

夏

- ●花言葉：公平、正しい選択、正義、立派な
- ●季　語：秋

ルドベキア属は北アメリカに15種ほどあるが、花壇などで栽培されているのは園芸種が多い。属名のRudbeckiaはスウェーデンの植物学者ルドベック父子を記念して、「植物学の父」と呼ばれるリンネが命名。英名はグロリオサ・デージー(Gloriosa Daisy)。戦前に観賞用に導入された近似種のオオハンゴンソウは野生化し、猛烈にふえて在来種に悪影響を与えるとして、特定外来生物に指定され、法律で栽培や移動が禁止されている。

- ●花の色：🟡🟠🟤🟢⌘
- ●科　名：キク科
- ●別　名：グロリオサ・デージー、ハンゴンソウ
- ●分　布：北アメリカ
- ●分　類：多年草

大きな花の'プレイリーサン'

緑花の品種'グリーン・ウイザード'

帰化植物のオオハンゴンソウ

夏 | # ルピナス
Lupinus

- ●花言葉：感謝、あなたは私の心をやわらげる、貪欲、多くの仲間
- ●季　語：夏

ルピナス属は地中海沿岸、南北アメリカ、南アフリカに300種ほどあるといわれるが、花壇などに見られるのはラッセルルピナスが多い。多年草で北海道、長野など冷涼地では野生化して群落を作っているが、暑さに弱く、暖地では越年草扱い。花が上を向いて咲くフジのようなので昇藤（のぼりふじ）や立藤（たちふじ）の別名がある。欧州には、白花ルピナスの豆を食べると心が明るく頭脳明晰になり、また、夫婦の情愛がこまやかになるなどの俗信がある。

フジの花を逆にしたようなラッセルルピナス

- ●花の色：●●●●●●○⌘
- ●科　名：マメ科
- ●別　名：ノボリフジ、タチフジ、ハウチワマメ
- ●分　布：地中海沿岸、南北アメリカ、南アフリカ
- ●分　類：越年草、多年草

北海道では野生化している

小型種 'テキサスマローン'

- ●花言葉：秘めたる恋、秘めたる意志
- ●季　語：夏（花）、秋（実）

アオギリ
夏
Firmiana simplex

暖地では野生化するが、庭木や街路樹にもされ、材は建具、家具、楽器に利用される。幹が青く、葉がキリに似ているのが名の由来。花は、萼片（がくへん）の基部が黄から紅色で、全体では黄緑色に見える小さな雌雄花が混生して咲く。秋に果実が5片に割れ、裂片は舟形で数個の球形の種子をつけて風で運ばれる。種子は炒って食べたりコーヒーの代用にできる。梧桐（ごどう）は中国名。夏に茂る大きな葉の下の涼しい日陰を「梧陰（ごいん）」と言う。

- ●花の色：🟡
- ●科　名：アオギリ科
- ●別　名：ゴドウ、ソウゴ、ヘキゴ
- ●漢字表記：青桐
- ●分　布：沖縄、台湾、中国、インドシナ
- ●分　類：落葉中高木

大きな葉と黄色い花が目立つ

種を包む皮が舟形で種をつけ風に舞う

樹皮が青い

花期：6、7

夏

アジサイ
Hydrangea macrophylla

- 花言葉：移り気、高慢、無情、あなたは冷たい
- 季　語：夏

「アジサイ」という名はアジサイ属の総称だが、ガクアジサイの花が全て装飾花になったものをさす場合が多い。花弁に見えるものは萼の変化したもので、花色は含まれるデルフィニジンとアルミニウムイオンとの関係で変化する。土壌PH(酸性度)が酸性に傾くとアルミニウムイオンが多くなって青色に、アルカリに傾くとアルミニウムイオンが少なくなり赤になる。青いアジサイをブロック塀などのアルカリ性の近くに植えると花色があせる。

- 花の色：●●●●○⌘
- 科　名：アジサイ科（ユキノシタ科）
- 別　名：ハイドランジア、シチヘンゲ、ヨヒラ
- 漢字表記：紫陽花
- 分　布：日本
- 分　類：落葉低木

梅雨空に咲く花は万葉時代から賞賛される

'シティーライン・パリ'

'はるな'

- ●花言葉：謙虚、謙譲
- ●季　語：夏

アベリア

Abelia × grandiflora

夏

アベリア属は東アジア、メキシコに30種ほど分布する。庭木や垣根などで見かけるアベリアは、タイワンツクバネウツギ（Abelia chinensis）とアベリア・ユニフロラ（Abelia uniflora）の交配種。花は春から秋まで長く咲き続け、香りがあるのでチョウやハチが集る。白花のほかピンク花や葉に斑が入る品種もある。和名のハナツクバネウツギの名は、花がウツギに似ていることと、花の落ちたあとの萼片の形が羽根つきの羽根に似ていることから。

- ●花の色：● ○
- ●科　名：スイカズラ科
- ●別　名：ハナツクバネウツギ、
  　　　　ハナゾノツクバネウツギ
- ●分　布：中国。交配種
- ●分　類：半常緑低木

花季が長く秋まで咲き続ける

ピンクの花の'エドワード・ゴーチャー'

斑入り葉の品種'カレイドスコープ'

夏

アメリカデイコ
Erythrina crista-galli

●花言葉：夢、童心、活力

●季　語：夏

日本へは江戸時代末期に渡来。緑の葉と真っ赤な花が印象的で、暖地の公園、街路樹、民家の庭で見かける。デイコの名の由来は不明。学名のエリスリナは、ギリシャ語の赤いと言う意味のエリスロスによる。メキシコでは花をサラダや煮物にして食べる。アルゼンチンとウルグアイの国花で、鹿児島県の県花でもある。沖縄の県花のデイコは普通花期に葉が無い。似たものにサンゴシトウがある。刺桐は中国でデイコのこと。枝葉にトゲがある。

● 花の色：●
● 科　名：マメ科
● 別　名：カイコウズ
● 漢字表記：亜米利加梯梧
● 分　布：南アメリカ
● 分　類：落葉中高木

花期
1
2
3
4
5
6
7
8
9
10
11
12

赤い花が南国的な雰囲気をかもしだす

花や葉が食用になるというアメリカデイコ

花が開ききらないサンゴシトウ

176

イヌツゲ

夏

Ilex crenata

- 花言葉：魅惑、堅固、冷静、性質は強健
- 季　語：春

刈り込みに強く、樹形作りが容易で鶴亀や宝船などに刈り込んだものを見かける。名はツゲに似るが、ツゲの様に細工物などに役に立たないので「イヌ」がついた。ツゲ（ホンツゲ）はイヌツゲと違ってツゲ科。見分け方はイヌツゲの葉は互生でツゲは対生。斑入り葉や、葉が丸いマメツゲなどの品種がある。樹皮をたたいて粘りを出し、ネズミを捕らえたのでネズミモチや、小さな葉を、お嫁さんが使う皿に見立てて、ヨメノサラの名も有る。

- 花の色：○
- 科　名：モチノキ科
- 別　名：ニセツゲ、ヤマツゲ
- 漢字表記：犬黄楊
- 分　布：日本
- 分　類：常緑低木

刈り込まれてさまざまな形に仕立てられる

雄花。雌雄異株で黄白色の花は4弁花

黒く丸い実は小鳥に人気

花期: 6, 7

夏

ウツギ
Deutzia crenata

● 花言葉：謙虚

● 季 語：夏（花）

名は枝の芯が中空になっており「うつろな木」から。別名のウノハナは陰暦4月の卯月に咲くからとも、ウツギノハナの略ともいわれる。5〜6月の雨は長雨になり、花を腐らせるので別称「卯の花腐し」と言う。豆腐のオカラをウノハナと言うのは、オカラが白いウノハナに似ていることによる。唱歌『夏は来ぬ』（佐々木信綱作詞、小山作之助作曲）の歌詞「卯の花の、匂う垣根に時鳥、早も来鳴きて」にある様に、この花は夏の到来を知らせる。

● 花の色：○
● 科　名：アジサイ科（ユキノシタ科）
● 別　名：ウノハナ、ユキミグサ
● 漢字表記：空木
● 分　布：日本、中国
● 分　類：落葉低木

花期
1
2
3
4
5
6
7
8
9
10
11
12

この花が咲く月を旧暦で卯月という

独楽のような形の実

枝の中心が空洞になっているマルバウツギ

- ●花言葉：愛敬、偽りの魅力、変装、愛嬌
- ●季　語：夏（ダツラ）

エンジェルストランペット

brugmansia suaveolens

夏

名は、花が大きく、その形がエンゼルが吹くトランペットに似ることによる。花色は白、黄、桃などがあり、初秋から咲く大きな花がよく目立つ。夕方に芳香を放つ。種小名のsuaveolensは「甘い香りがする」の意味。似たものにチョウセンアサガオ（ダツラ）があるが、エンジェルストランペットは多年草で花が下向きに咲き、ダツラは1年草で花が横または上向きに咲く。アルカロイド系の成分を有し、誤食による中毒例がある。

- ●花の色：○●●●●
- ●科　名：ナス科
- ●別　名：エンゼルトランペット、キダチチョウセンアサガオ、ブルグマンシア
- ●分　布：熱帯アメリカ
- ●分　類：多年草〜常緑小高木

熱帯地方では周年花が咲き、大きく育つ

斑入り葉の白花種

珍しい赤い花が咲くサンギナリア種

花期
1
2
3
4
5
6
7
8
9
10
11
12

夏

オオデマリ
Viburnum plicatum var. plicatum f. Plicatum

- ●花言葉：私は誓います、華やかな恋、天国
- ●季　語：夏

庭や公園に植えられている。山地に野生するヤブデマリの園芸種。周辺だけが装飾花のヤブデマリを品種改良して、全て装飾花（そうしょくか）にしたもので、アジサイと良く似た花姿になる。本来は白花だが、最近ピンク系統の花を咲かせる品種もできた。似た名のコデマリはバラ科で花弁は離弁。オオデマリはスイカズラ科で合弁花。良く似たテマリカンボクはカンボクの花が全て装飾花になったもので、葉が大きく3裂する。オオデマリの葉は分かれない。

- ●花の色：○●
- ●科　名：スイカズラ科
- ●別　名：テマリバナ
- ●漢字表記：大手毬
- ●分　布：日本
- ●分　類：落葉小高木

花期
1
2
3
4
5
6
7
8
9
10
11
12

大きな手毬のような花が多数咲く

若い花は緑色をしている

ピンクの花を咲かせる'ジェミニ'

180

- ●花言葉：平和、安全、知恵、博愛、慈善
- ●季　語：夏（花）、秋（実）

オリーブ

夏

Olea europaea

最近、都市の緑化樹に利用されるのでよく見かけるようになった。ギリシャの伝説に、知恵と道徳の女神「アテナ」と海の神「ポセイドン」が、ある都市の支配権を争った時、神々は、人間に最も役立つものを創造した方に支配権を与えるとした。アテナはオリーブを作り、馬をつくったポセイドンに勝利し、その都市はアテナイ（今日のアテネ）と呼ばれるようになった。古代ギリシャでは和平の使者にオリーブの枝を持たせたという。

- ●花の色：🟡
- ●科　名：モクセイ科
- ●別　名：カンラン
- ●分　布：地中海沿岸
- ●分　類：常緑小高木

葉裏が銀白色で風に揺れてキラキラと輝く

香りがある黄白色の花は風媒花

長球形の実は緑色から黒褐色に熟す

夏

カリステモン
Callistemon speciosus

- ●花言葉：恋の炎、はかない恋
- ●季　語：夏

暖地の庭や公園などに植えられている。赤や白などの、びんを洗うブラシに似た特徴のある花を咲かすので、ブラシノキの別名がある。花が咲いた後、花序の中心から新しい枝を伸ばし、次の年に新しい花を咲かせる。種子は虫の卵のよう。オーストラリアでよく起こる山林火災の時に、その熱で実がはじけて種子が散乱し、焼け野原にいち早く芽を出す。金宝樹ともいう。属名のCallistemonは「美しい雄しべ」の意味。

- ●花の色：●●●○
- ●科　名：フトモモ科
- ●別　名：ブラシノキ、キンポウジュ、ハナマキ
- ●分　布：オーストラリア、ニューカレドニア
- ●分　類：常緑中高木

花期：5、6

枝先にビン洗いのブラシのような花が咲く

ブラシの毛に見えるのは長い雄しべ

虫の卵に似た実が枝を取り巻くようにつく

- ●花言葉：注意、危険、
  　　　　美と善良、油断大敵
- ●季　語：夏

キョウチクトウ

夏

Nerium oleander var. indicum

川岸、庭、街路などで見られる。乾燥や排気ガスに強いことから道路脇に植えられた。広島市では、原爆投下後75年は草木が生えないといわれたが、キョウチクトウがいち早く芽生えたので、復興のシンボルとして市の花に指定した。猛毒植物で、ナポレオン軍が焼肉の串に枝を使って死亡した例や、牛の飼料に混入した葉を食べた牛が死んだという例がある。植えた土壌にも毒性が及ぶという。菜園などの近くには植えないほうが良い。

- ●花の色：●●●○
- ●科　名：キョウチクトウ科
- ●別　名：ハンネンベニ、メフクラギ
- ●漢字表記：夾竹桃
- ●分　布：インド
- ●分　類：常緑小高木

夏の暑さ、乾燥に耐えて咲く

ピンクの八重咲き

白花の一重咲き

花期
1
2
3
4
5
6
7
8
9
10
11
12

夏

ギョリュウ
Tamarix

- 花言葉：犯罪
- 季　語：なし

ギョリュウ属は中国、インド、地中海沿岸に75種ほどある。この木の枝を犯罪人の首にかける花輪に使ったり、泥棒が忍び込むときに足音を立てないように足にまいたことから、花言葉が犯罪になったという。日本には中国種（Tamarix chinensis）が江戸時代に渡来した。葉は鱗片状（りんぺんじょう）で、枝に多くつき、枝垂（しだ）れ柳のように垂れ下がる。春と秋、桃色の粟粒のような小さな花を穂状に垂れ下げる。最近、タマリスクと呼ぶ洋種も入っている。

- 花の色：●
- 科　名：ギョリュウ科
- 別　名：タマリスク、サツキギョリュウ
- 漢字表記：檉柳、御柳
- 分　布：中国、インド、地中海沿岸
- 分　類：落葉小高木

やさしげな緑の葉とピンクの花が爽やか

5月の花は大きく9月の花はやや小形

葉は互生し、秋に黄色に色づく

- ●花言葉：高尚
- ●季　語：夏（花）、秋（実）、春（芽）

キリ

夏

Paulownia tomentosa

農家の庭や山地で見かける。生長が早く、材が軽く、湿気を通さず良質のため、箪笥、下駄などに利用される。古来、神聖な木とされ、紋章などに意匠化され桐花紋（とうかもん）という。花序につく花の数により、五三桐（ごさんのきり）、五七桐（ごしちのきり）が有名。五七桐は皇室の副章、内閣総理大臣紋章で、総理大臣が所信表明などをする時の机の前に張られている。また五百円硬貨の意匠にもなっている。庶民は五三桐が多く、普遍的で紋付の貸し借りができ便利だった。

- ●花の色：●
- ●科　名：ノウゼンカズラ科、キリ科（ゴマノハグサ科）
- ●別　名：シロキリ、ハナキリ、キリノキ
- ●漢字表記：桐
- ●分　布：中国
- ●分　類：落葉中高木

葉が茂る前に花が咲き遠くてもキリとわかる

花は筒状釣鐘形で先が5裂する

実は先が尖った卵形

花期：4〜5

夏

クスノキ
Cinnamomum camphora

● 花言葉：芳香

● 季　語：夏

合成品が発明されるまでは、茎葉から樟脳(しょうのう)を採り防虫剤や医薬品の原料とした。造船の素材とした説話などもある。仁徳天皇の時代、朝日が差すとその影が淡路島を隠すほどの、明石にそびえていたクスノキの巨樹から船を作り、速鳥(はやとり)と名づけて井戸水を朝廷に運び、天皇の食事用にしたそうだ。ところがある日、船が遅れたことから「住吉(すみのえ)の大倉向きて飛ばばこそ速鳥といはめ何か速鳥」という歌を作って、この行事をやめたという。

● 花の色：🟡
● 科　名：クスノキ科
● 別　名：クス、ナンジャモンジャ
● 漢字表記：楠、樟
● 分　布：日本、中国、東南アジア
● 分　類：常緑高木

巨木になり、春に多数の花が咲く

黒く丸い実は小鳥の好物

春の新芽は赤い

クチナシ

夏

Gardenia jasminoides

- ●花言葉：幸福者、胸に秘めた愛、夢中、優雅、清潔
- ●季　語：夏（花）、秋（実）

矮性(わいせい)品種がガーデニアと呼ばれて鉢植えなどにされる。一重や八重咲き、斑(ふ)入り葉などの品種がある。純白の花は甘い香りがあり、白から徐々に黄色になる。果実は生薬、布や食品の黄色の染料にする。名の由来は諸説あるが、実が熟しても他の果実の様に割れず、種の出口が無いので「口無し」という説が有名。碁盤や将棋盤の脚がクチナシの実の形をしているのは、側で見ている人は、対戦者に横から口出し無用という意味。

- ●花の色：○
- ●科　名：アカネ科
- ●別　名：ガーデニア、サンシシ、センプク
- ●漢字表記：山梔子、口無
- ●分　布：日本、台湾、中国、インドシナ半島
- ●分　類：常緑低木

初夏に香りが魅力の白い花が咲く

八重咲き種のオオヤエクチナシ

実が熟しても裂開しないのが名の由来

花期: 6, 7

クレマチス
Clematis

- 花言葉：精神的な美、手くだ、たくらみ、旅人の喜び
- 季　語：夏

クレマチスの原種は北半球を中心に300種以上あり、園芸品種は2,000種を超えるといわれる。日本にもセンニンソウ、ボタンヅル、ハンショウヅル類、カザグルマなどが野生している。昔、乞食が哀れを乞うために、クレマチスのつるで故意に自分をきずつけたという。ゆえに「手くだ」「たくらみ」また、宿の玄関に植えられていたので「旅人の喜び」などの花言葉がある。俳句ではクレマチスを鉄線(てっせん)、または鉄線花(てっせんか)と詠むことが多い。

- 花の色：●○●●●●⌘
- 科　名：キンポウゲ科
- 別　名：テッセン、カザグルマ
- 分　布：日本、アジア、ヨーロッパ、ニュージーランド、北アメリカ
- 分　類：落葉または常緑つる性多年草

洋風、和風いずれの庭にもマッチする

山野に野生するカザグルマ

4枚の花びら(萼片(がくへん))をつけるモンタナ種

- 花言葉：控えめな美点、
揺るがない、神を尊ぶ
- 季　語：夏

サカキ
夏
Cleyera japonica

神聖な木として、社や神社には必ずと言っていいほど植えられている。神事に神の降りる榊宿り木として、玉串などに使用される。名は、神と人間の境を取り持つ木と言われ「境木」から、または常緑で盛んに茂る木、「栄樹」からという。榊という国字をあてる。江戸時代は旧暦1日と15日に神棚のサカキを新しくかえるしきたりだった。寒い地方ではサカキがないのでヒサカキを代用した。ヒサカキはサカキに非ずの意。

- 花の色：○
- 科　名：ツバキ科
- 別　名：マサカキ
- 漢字表記：榊
- 分　布：日本、済州島、中国、台湾
- 分　類：常緑小高木

いつも青々と茂るのが名の由来

神事でサカキの代用にするヒサカキ

神事に使うサカキの枝葉

花期
1
2
3
4
5
6
7
8
9
10
11
12

ザクロ
Punica granatum

- ●花言葉：優美、愚かしさ。お互いに思う（木）。成熟した美しさ（花）。結合（実）
- ●季　語：夏（花）、秋（実）

名は漢名「柘榴」の音読み。花は鮮紅色。多くの男性の中に女性が一人居るのを「紅一点(こういってん)」と言うのは、中国宋代の学者王安石(ばん)がザクロを詠んだ詩「万緑叢中紅一点(りょくそうちゅう)」に由来。鬼子母神(きしぼじん)が右手にザクロの実を持っているのは、人の子どもをとって食べる鬼子母神に、釈迦が子を失う悲しみを教えたことから。鬼子母神は子授け、子安、子孫繁栄の神となった。釈迦は、鬼子母神に人肉の味がするザクロの実を与えたと言う俗説がある。

- ●花の色：● ○
- ●科　名：ミソハギ科（ザクロ科）
- ●漢字表記：石榴
- ●分　布：トルコ、イラン、北インドなど
- ●分　類：落葉性中高木

花期
1
2
3
4
5
6
7
8
9
10
11
12

梅雨時に咲く赤い花は印象的

実は豊穣、多産の象徴

花も実も白い品種'水晶ザクロ'

- 花言葉：雄弁、愛嬌、活動、世話好き
- 季　語：夏

サルスベリ
Lagerstroemia indica

夏

名は、幹の樹皮が剥がれ落ちやすく、木肌がすべすべしてサルも滑り落ちるという意味。「人に千日の好(よしみ)無く、花に百日(ひゃくにち)の紅(くれない)無し」と、人との親しい交際も花の盛りと同じように長くは続かない、という例えがあるが、3月以上も咲き続けるので別名は百日紅(ひゃくじつこう)。中国では紫薇(しび)と言う。「天に天子が住む紫微垣(しびえん)と言う星がある」と言われ、唐の時代、地上の宮殿も紫薇と呼ぶようになり、そこに沢山植えられていたサルスベリが紫薇になったと言う。

- 花の色：●●○
- 科　名：ミソハギ科
- 別　名：ヒャクジツコウ、コソグリノキ
- 漢字表記：猿滑り
- 分　布：中国南部
- 分　類：落葉中高木

花の咲く期間が長いので別名「百日紅」

'夏祭り'

サルも木から落ちるという滑らかな樹皮

191

サンゴジュ

Viburnum odoratissimum var. awabuki または Viburnum awabuki

- ●花言葉：負けず嫌い、端麗
- ●季　語：秋

葉や幹に水分を多く含むので、防火樹として庭木、生垣に植えられる。葉をサンゴジュハムシに食害されるので、きれいに管理するには手間がかかる。6月頃に、先が5弁に裂ける小さな白い花を房状にたくさん咲かす。名は、秋に赤くなる実をサンゴ細工に見立ててサンゴジュとなった。燃やすと切り口から泡を吹くのでアワブキの別名がある。学名の種小名（しゅしょうめい）のodoratissimumは良い香りがするの意味。変種名は日本語のawabuki。

- ●花の色：○
- ●科　名：レンブクソウ科（スイカズラ科）
- ●別　名：アワブキ、キサンゴ、ヤブサンゴ、ヤマジサ
- ●漢字表記：珊瑚樹
- ●分　布：日本、東南アジア
- ●分　類：常緑小高木

葉が燃えにくく防火樹にもされる

白い花は筒状で先が5裂する

名の由来の実は秋に赤く熟す

- ●花言葉：整然とした愛、無駄、無益
- ●季　語：夏

シモツケ

夏

Spiraea japonica

名は最初の発見地、下野（栃木県）に因んだもの。繡線菊ともいう。中国の戦国時代、繡線という娘が、捕虜となって死んだ父親の墓にあった花を形見に持ち帰って植えたところ、美しい花を咲かせた。それで繡線菊と呼ぶようになったという。花に香りがあり、枝先にピンクの小さな花を半球状に咲かせる姿は、派手さはないが、親孝行の少女のようでもある。名が似たシモツケソウは、木ではなく多年草で、冬は地上部が枯れる。

- ●花の色：●●〇
- ●科　名：バラ科
- ●別　名：キシモツケ、シュウセンギク
- ●漢字表記：下野
- ●分　布：日本、朝鮮半島、中国
- ●分　類：落葉低木

枝先に小さな花が固まって咲く

美しい白花種のシロバナシモツケ

黄金葉を楽しむ'ライムマウンド'

花期
1
2
3
4
5
6
7
8
9
10
11
12

夏 # シュロ
Trachycarpus fortunei

● 花言葉：勝利、不変の友情
● 季 語：夏

ヤシ科植物の内で最も耐寒性がある。日本ではトウジュロとワジュロ、雑種のアイジュロが多い。トウジュロは葉の先が折れないが、ワジュロは折れる。幹を包む黒褐色の繊維質のものをシュロ皮といい、縄、敷物、たわし、ホウキなどを作る。ホウキなどで「汚れを掃き清める」の意味で、神社の神紋（社紋）や家紋になっている。明治神宮や井の頭公園などの自然保全林でシュロが驚異的にふえたのは、地球温暖化が原因と言われている。

● 花の色：🟡
● 科　名：ヤシ科
● 漢字表記：棕櫚、棕梠
● 分　布：日本、中国、ミャンマー
● 分　類：常緑高木

花期
1
2
3
4
5
6
7
8
9
10
11
12

葉の基部の黄色の雄花序は大型で目立つ

葉先が折れ曲がるのが特徴のワジュロ

葉先が折れ曲がらないトウジュロ

194

- 花言葉：献身的な愛、恋のきずな、誠実、貞節、兄弟の愛
- 季　語：夏

スイカズラ

夏

Lonicera japonica

山野、特に鉄道や道路のフェンスなどに多く生える。名は、つる性で、花の甘い蜜を子どもたちが吸うことによる。英名のハニーサックル（honey suckle）も同じ意味。冬に葉を内側に巻いて寒さに耐えるので忍冬、白い花が次第に黄色に変わり、金と銀の花が同時に咲くので金銀花などの別名もある。薬草でもあり、つぼみや茎葉を乾燥して抗菌・解熱に使用する。欧米では観賞用に導入したが、繁茂しすぎて森林などに害を与えている。

- 花の色：○●
- 科　名：スイカズラ科
- 別　名：ニンドウ、キンギンカ
- 漢字表記：吸い葛
- 分　布：日本、東アジア
- 分　類：常緑つる性木本

花は白から黄色に変わり芳香がある

近似種を一般にロニセラと呼ぶ

葉を巻いて寒さに耐える

花期 5-7

夏

スモークツリー
Cotinus coggygria

● 花言葉：煙に巻く、賢明、にぎやかな家庭、はかない青春
● 季　語：夏

雌雄異株で、雌花の花序が多数分枝して、花の咲いた後に花柄が伸びて羽毛状になり、遠くから見ると煙が立ち上っているように見えるのが名の由来。ケムリノキとかカスミノキとも呼ばれる。別名のハグマノキは、花後の花柄が羽状になる様子が、動物のヤクのしっぽで作られた武将の采配や旗や槍の装飾に使われた白熊（はぐま）に似ることによる。雄株は花が咲いても煙状にならないので、庭に植えられているのは雌株が多い。秋の紅葉も美しい。

● 花の色：🟡🟣🩷🟢
● 科　名：ウルシ科
● 別　名：ケムリノキ、カスミノキ、ハグマノキ
● 分　布：アジア、南ヨーロッパ、北アメリカ
● 分　類：落葉小高木

花期
1
2
3
4
5
6
7
8
9
10
11
12

紅紫色の煙になる'リトルルビー'

花は黄緑色で目立たない。'グレース'の雌花

秋の紅葉も美しい

196

- ●花言葉：雄々しい
- ●季　語：夏（花）

ソテツ

夏

Cycas revoluta

織田信長が妙国寺（堺市）の大蘇鉄を安土城に移したところ、妙国寺に帰りたがり毎夜泣いたという。織田信長は激怒し、ソテツを切らせた。枯れかかったソテツに、日珖上人が鉄くずを与え読経したところ蘇ったという。ゆえに蘇鉄の名になったという。種子植物でありながら精子を作ることを1896年に東京帝国大学（現東京大学）の助教授であった池野成一郎が発見した。果実は有毒だが、さらして澱粉をとり、飢饉の時の食用にした。

- ●花の色：● （雄花）、● （雌花）
- ●科　名：ソテツ科
- ●別　名：テッショウ、ホウビショウ
- ●漢字表記：蘇鉄
- ●分　布：日本、中国
- ●分　類：常緑低木

大きな葉を広げた姿は南国ムードいっぱい

葉は1m前後の羽状複葉

赤い種子は長さ4cm

花期
1
2
3
4
5
6
7
8
9
10
11
12

197

夏

タイサンボク
Magnolia grandiflora

● 花言葉：壮大、華麗
● 季　語：夏

明治初年に渡来、はじめ新宿御苑で栽培され、その後日本各地に広まった。植物学者の牧野富太郎は『牧野植物随想』で、タイサンボクを山のように大きく育つので大山木、泰山木と書くが、そのように書く理由がわからない、大盞木と書くべきと言っている。盞はさかずきで、大きな白い花を大きなさかずきに見立てた命名と言っている。アメリカのミシシッピー州にはタイサンボクの木が多く、「マグノリア（タイサンボク）州」の愛称がある。

● 花の色：○
● 科　名：モクレン科
● 別　名：コウハイボク、ハクレンボク
● 漢字表記：泰山木、大山木
● 分　布：北アメリカ
● 分　類：常緑高木

花期
1
2
3
4
5
6
7
8
9
10
11
12

花も葉も大きく雄大な花木

上向きに咲く花は径20cm。甘い香りを放つ

長楕円形の葉は長さ約20cm。厚くて硬い

テイカカズラ

夏

Trachelospermum asiaticum

- ●花言葉：依存
- ●季　語：夏（花）、秋（実）

有毒植物。山地に木にからまるように生えている。花はプロペラ形でよい香りがする。藤原定家の墓に生えたという伝説があり、謡曲「定家」では、定家と愛し合った式子内親王が霊となって、自分の墓に定家葛がまとわりついて苦しいと、旅の僧に訴える。別名はマサキノカズラ。古今和歌集にこの名で詠まれている。最近はピンク色の品種も出回り、葉に白や赤の斑が入る園芸種ハツユキカズラも多く栽培されている。

- ●花の色：○ ●
- ●科　名：キョウチクトウ科
- ●別　名：マサキノカズラ、チョウジカズラ
- ●漢字表記：定家葛
- ●分　布：日本、朝鮮半島
- ●分　類：常緑つる性低木

つる性でフェンスや木に這い上がる

先が5裂する花は船のスクリューに似る

新葉が白からピンクに色づく'ハツユキカズラ'

花期
1
2
3
4
5
6
7
8
9
10
11
12

199

夏

トケイソウ
Passiflora

- ●花言葉：信心、宗教、信仰、聖なる愛、情熱的に生きる、愛の苦しみ
- ●季　語：夏

名は、花の形から。英名のパッションフラワー（Passion flower）は、ラテン語の（flos passionis）に由来し、花の形をキリストが十字架にかかった姿に見立てたもので、ヨーロッパでは「受難の花」と呼ばれている。雌しべを十字架、雄しべを釘(くぎ)、副花冠を茨の冠、花弁と萼をキリストの後光と10人の使徒、葉を槍、巻きヒゲを鞭にたとえたもの。クダモノトケイソウもあり、果実を食用にしたり、夏のグリーンカーテン用にも栽培される。

- ●花の色：●●●●○
- ●科　名：トケイソウ科
- ●別　名：パッションフラワー
- ●漢字表記：時計草
- ●分　布：中央アメリカ、南アメリカ
- ●分　類：常緑つる性低木

花期: 5, 6, 7, 8

園芸品種も多く、奇抜な花形が面白い

紫色の花を咲かせる'アメジスト'

実を食べる熱帯果樹のパッションフルーツ

トチノキ

夏

Aesculus turbinata

- 花言葉：博愛、贅沢、豪奢、健康
- 季　語：夏（花）、秋（実）

山地に自生する日本固有種で、庭木や街路樹にされる。花はハチミツの重要な蜜源になり、種子は灰汁を抜いてトチ餅にして食べる。名は「ト」が「十」、「チ」が「千」の意味で果実が多く実るからという。栃木県の県花。セイヨウトチノキ（フランス名はマロニエ）や赤い花が咲く北アメリカ原産のアカバナトチノキ、ピンクの花が咲くアカバナトチノキとセイヨウトチノキの交配種のベニバナトチノキも公園樹や街路樹として植えられている。

- 花の色：○●●
- 科　名：トチノキ科
- 別　名：トチ
- 漢字表記：栃の木
- 分　布：日本
- 分　類：落葉高木

直立する花穂も葉も大きくて人目を引く

ベニバナトチノキ

マロニエと呼ばれるセイヨウトチノキ

花期：5〜6

夏

ナツツバキ
Stewartia pseudocamellia

●花言葉：愛らしさ、哀愁
●季　語：夏

山に自生するが庭木や公園樹にもされる。名は、花が夏に咲き花形がツバキに似ていることによる。花は朝開き、夕方に落花する一日花。仏教の三大聖樹の一つフタバガキ科の沙羅双樹(さらそうじゅ)の代用として、シャラノキと呼ばれて、寺院などに植えられていたが、木の幹がすべすべして、花も清楚なことから庭木として人気が出た。最近は花色がピンクのベニバナナツツバキも出回っている。小型で紅葉が美しいヒメシャラも庭木として人気がある。

●花の色：○ ●
●科　名：ツバキ科
●別　名：シャラノキ、シャラ、サルスベリ
●漢字表記：夏椿
●分　布：日本、朝鮮半島
●分　類：落葉中高木

花期
1
2
3
4
5
6
7
8
9
10
11
12

花弁の縁に入る細かいしわに風情がある

紅花ナツツバキ　花弁の先が淡紅色を帯びる

秋の紅葉も美しい

ニオイシュロラン

Cordyline australis

夏

- ●花言葉：真実
- ●季　語：なし

庭、公園、校庭などに植えられている。名は、木の姿がシュロに似て、花に香りがあることによる。日本ではもっぱら観賞用だが、原産地のニュージーランドでは、原住民のマオリ族や開拓者が、葉からは強い繊維を、果糖が含まれる樹液からはシロップをとり、地下茎は食用にした。葉のつき方がキャベツに似るので、英名はCabbage tree。園芸ではドラセナと呼ばれることがあるが、本種はドラセナ属ではなくコルディリネ属である。

- ●花の色：○
- ●科　名：ラクスマニア科
　　　　　（リュウゼツラン科）
- ●別　名：ドラセナ
- ●漢字表記：匂棕櫚蘭
- ●分　布：ニュージーランド
- ●分　類：常緑小高木

庭園などによく植えられる

甘い芳香のある白い花を無数につける

葉は剣状に先が尖る

花期
1
2
3
4
5
6
7
8
9
10
11
12

203

ネズミモチ
Ligustrum japonicum

- 花言葉：名より実
- 季　語：夏（花）、冬（実）

山に自生するが、庭木や生垣にもされる。名は果実の色が黒紫で形がネズミの糞に似て、葉がモチノキの葉に似ていることによる。清少納言の『枕草子』に「ねずみもちの木、人なみなみになるべきにもあらねど、葉のいみじうこまかにちひさきがをかしきなり」とある。このねずみもちはイヌツゲとの説もある。似たトウネズミモチは大型で実が球形。都会の植栽はトウネズミモチが多い。漢名を女貞（じょてい）といい、果実を薬用にする。

- 花の色：○
- 科　名：モクセイ科
- 別　名：タマツバキ、ネズミノコマクラ、ネズミノフン
- 漢字表記：鼠黐
- 分　布：日本、中国、台湾
- 分　類：常緑小高木

白く小さい花が無数につく

果実がネズミの糞に似ることが和名の由来

垂れ下がるほど実をつけるトウネズミモチ

ネムノキ

夏

Albizia julibrissin

- ●花言葉：歓喜
- ●季　語：夏

日当りの良い山地や道路脇に生えるが、植栽もされる。花は、長く伸びた糸状の雄しべが目立ち、化粧用の刷毛(はけ)のような形。夕方から咲きはじめ翌日には崩れる。葉が夕方になると閉じて合わさる就眠運動をし、名前もこれによる。果実は長い莢(さや)の豆果。中国では「合歓木」といい、夫婦円満の象徴の木とする。樹皮を合歓皮(ごうかんひ)といい、打撲傷や咳止めにする。「象潟(きさかた)や雨に西施(せいし)がねぶの花」(松尾芭蕉)。「西施」は中国春秋時代の絶世の美女。

- ●花の色：●
- ●科　名：マメ科
- ●別　名：ネンネノキ、ネムリノキ
- ●漢字表記：合歓木
- ●分　布：日本、朝鮮半島、中国、イラン
- ●分　類：落葉高木

淡紅色を帯びる糸状のものは雄しべ

夕暮れに花が開き、葉は閉じて垂れ下がる

豆果は幅の広い線形

花期: 6, 7, 8

夏

ノウゼンカズラ
Campsis grandiflora

- 花言葉：栄光、名声、名誉、豊富な愛情、愛らしい、女性らしい
- 季　語：夏

中国原産だが、花は東洋的というよりトロピカルな雰囲気がある。平安時代の『本草和名』には「乃宇世宇」とあり、古い時代に渡来したことがわかる。金沢市の兼六園の玉泉園(ぎょくせんえん)のノウゼンカズラは、豊臣秀吉が朝鮮半島から持ちかえったものといわれ、樹齢400年を超える。漢名の凌霄花(りょうしょうばな)の「凌」はしのぐ、「霄」は空の意味。小振りで、花筒が細長く、朱色の花色が濃いアメリカノウゼンカズラもよく見かける。園芸種も多い。

- 花の色：●●
- 科　名：ノウゼンカズラ科
- 別　名：トランペット・ヴァイン、チャイニーズ・トランペット・クリーパー
- 漢字表記：凌霄花
- 分　布：中国、熱帯アメリカ
- 分　類：つる性落葉樹

花期
1
2
3
4
5
6
7
8
9
10
11
12

アーチやフェンスに絡まり旺盛に伸びる

アメリカノウゼンカズラ。小型で花筒が長い

'マダムガレン'

206

- ●花言葉：移り気
- ●季　語：夏

ハコネウツギ

Weigela coraeensis（シノニム W. amabilis）

夏

日本の海岸近くに自生するが、庭園、公園などに植えられている。初夏に花を開くが、はじめ白から次第にピンク、赤と変化して、一つの花房に3色の花が混在する。名前に箱根と付くが、実際は箱根には少ない。似たものにニシキウツギ、タニウツギなどがあり、ニシキウツギは山地に自生するが、ハコネウツギとの交雑種が多い。タニウツギは花色がピンクの一色。この花が咲くと田植えをしたというので、別名「田植え花」と言う。

- ●花の色：●●○
- ●科　名：スイカズラ科
- ●漢字表記：箱根空木
- ●分　布：日本、朝鮮半島、中国
- ●分　類：落葉手低木

海岸付近に自生する日本固有種

漏斗状で白とピンクの花が混じって咲く

タニウツギ。山間部の谷間に多く自生する

花期
1
2
3
4
5
6
7
8
9
10
11
12

夏 # ビヨウヤナギ
Hypericum monogynum

- 花言葉：幸い、きらめき、多感、気高さ
- 季　語：夏

江戸時代から庭などで栽培されている。大きく開いた花の上に金色の雄しべが長く伸びて、風に揺れる様は優美で華やか。中国、唐時代の詩人・白居易が『長恨歌』で楊貴妃の顔を太液池の蓮に、眉を未央宮殿の柳にたとえた。その歌に因み、柳のような葉を持ち、美しい花のこの木を未央柳と、後に日本で名づけた。「美容柳」とも書く。中国名は金糸桃。花糸が短いキンシバイ、その園芸種のヒペリカム・ヒドコートもよく見かける。

- 花の色：🟡
- 科　名：オトギリソウ科
- 別　名：キンシトウ、ビジョヤナギ、キンセンカイドウ
- 漢字表記：未央柳、美容柳
- 分　布：中国
- 分　類：半落葉性低木

長く突き出る雄しべがよく目立つ

大型の花を咲かせる園芸品種'ヒドコート'

キンシバイ。梅雨時に艶のある花が映える

ブッドレア
Buddleja

夏

- ●花言葉：恋の予感、魅力、私をわすれないで
- ●季　語：なし

ブッドレアは世界に100種ほどあるが、栽培されるのは、中国原産で明治時代に渡来した、フサフジウツギと呼ばれるダビディー種が多い。花に香りがあり、蜜も多いのでチョウやハチなどが多く集まり、英名はバタフライ・ブッシュ（Butterfly bush）（蝶の木）。黄色い花を咲かせるグロボーサ種も見かける。日本にはフジウツギ、ウラジロフジウツギが自生する。名は花がフジに似て、幹が中空なことによる。有毒植物。

- ●花の色：●●●●●●●○
- ●科　名：ゴマノハグサ科（フジウツギ科）
- ●別　名：フサフジウツギ、ブッドレヤ
- ●分　布：ヨーロッパ、オーストラリアを除く温帯、熱帯
- ●分　類：常緑、または落葉低木

長い円錐形の花穂が特徴

蝶をよぶ花として知られる

'イエローマジック'

花期：6、7、8、9、10

夏

フヨウ
Hibiscus mutabilis

● 花言葉：繊細な美、しとやかさ
● 季　語：秋

朝開いて夕方にはしぼむ一日花で、艶麗にして清楚、ちょっと憂いを漂わせているようにも見える。名は、中国名「木芙蓉」の木を略して、音読みしたもの。芙蓉とは古くは中国ではハスの花をさし、美人のほめ言葉「芙蓉の顔(かんばせ)」などと表現される。八重咲きの園芸種のスイフヨウは、朝開いたとき白色の花が、次第にピンク色へと変わり、夕刻には紅をおび、酒に酔ったようになるので酔芙蓉と書く。花は翌朝にはしぼむが落花はしない。

● 花の色：● ○
● 科　名：アオイ科
● 別　名：モクフヨウ
● 漢字表記：芙蓉
● 分　布：日本、中国、台湾
● 分　類：落葉低木

花期
1
2
3
4
5
6
7
8
9
10
11
12

夏を代表する花木として親しまれている

熟した果実には毛が密生する

スイフヨウ。一日のうちに花色が変化する

210

- 花言葉：信念
- 季　語：秋

ムゲゲ

夏

Hibiscus syriacus

奈良時代に渡来したという。ハイビスカス属の中では一番寒さに耐える花木。ムゲゲは槿花(きんか)といい、栄華は長く続かないと言う意味で、「槿花一日(きんかいちじつ)の栄え」「槿花一朝(きんかいっちょう)の夢」などという。花は一日花といわれるが、実際は2、3日開いている。茶花として利用され、利休の孫、千宗旦(せんのそうたん)が好んだ宗旦ムゲゲが有名。夏の強い日差しにも負けず次々に咲き、旺盛な生命力から韓国では「無窮花(ムグンファ)」と呼んで、国花にしている。名は無窮花の音読みと言う。

- 花の色：●●●○
- 科　名：アオイ科
- 別　名：ハチス
- 漢字表記：槿、木槿
- 分　布：中国、インド
- 分　類：落葉低木

花形は多彩で園芸品種が多数ある

'シングルレッド'

'光花笠'

花期
1
2
3
4
5
6
7
8
9
10
11
12

211

夏

ヤマボウシ
Benthamidia japonica

● 花言葉：友情
● 季 語：夏

山地に生えるが庭木、街路樹などにも植栽されている。白い花弁に見えるのは総苞片(そうほうへん)で、本当の花は中央に多数集まり球形に咲く。名は、中央の球形の花を坊主頭に、白い総苞片を山で修行する山法師のかぶる頭巾に見立てたことによる。赤く熟した実は甘くて生食でき、ヤマグワの別名がある。実を果実酒にもする。材は硬く、農具の柄など器具材にされる。最近は赤い花を咲かす、ベニバナヤマボウシ（アカバナヤマボウシ）を多く見かける。

● 花の色：○ ● ●
● 科　名：ミズキ科
● 別　名：ヤマグワ
● 漢字表記：山法師、山帽子
● 分　布：日本、朝鮮半島、中国
● 分　類：落葉高木

花期
1
2
3
4
5
6
7
8
9
10
11
12

花弁に見える白い4枚の部分は総苞

斑入りの園芸品種'ウルフアイ'

熟した果実は甘く生食もできる

212

- ●花言葉：教訓、ただ一人を愛する
- ●季　語：夏、春（花）

ヤマモモ

夏

Myrica rubra

暖地の街路樹、公園に植えられている。雌雄異株で、雌木は初夏に赤く熟す実をつける。実は邪気を払う霊力があると言われる。『古事記』の中に、伊邪那岐命が黄泉の国に行った伊邪那美命を訪ねた折に雷神に追われ、逃げ帰る時に3個のモモの実を投げて助かったという話がある。ここに出てくるモモは日本原産のヤマモモを指し、中国から渡来したモモを、毛桃と呼んで区別した。『万葉集』にはどちらのモモも詠われている。

- ●花の色：● (雌花)、● (雄花)
- ●科　名：ヤマモモ科
- ●別　名：ヨウバイ、山桜桃、火実
- ●漢字表記：山桃
- ●分　布：日本
- ●分　類：常緑高木

果実はジャムや果実酒に利用される

葉の脇に褐色の雄花がつく

雌花序はあまり目立たない

花期: 3, 4

夏

ユリノキ
Liriodendron tulipifera

- ●花言葉：見事な美しさ、幸福、田園の幸福
- ●季　語：夏

明治初期に、理学博士伊藤圭介がアメリカから贈られた種を蒔き、苗を新宿御苑（新宿農学所）に植えたのが初めての栽培という。現在130年以上経ち、巨大なシンボルツリーとなっている。迎賓館前のユリノキの並木は新宿御苑の実生苗から育てたもの。小石川植物園のユリノキの説明に、「明治23年、大正天皇が皇太子の頃、来園された時にこの木の花を見てユリノキと命名された」とある。英名はチューリップツリー（tulip tree）。

- ●花の色：🟡
- ●科　名：モクレン科
- ●別　名：チューリップツリー、ハンテンボク
- ●漢字表記：百合の木
- ●分　布：北アメリカ
- ●分　類：落葉高木

花期 5, 6

英名は「チューリップツリー」

切れ込みのある葉

紅葉した葉

214

アカツメクサ 夏

Trifolium pratense

- ●花言葉：善良で陽気、豊かな愛、勤勉、実直
- ●季　語：春

日本には明治時代以降に牧草として入り、各地に自生して帰化植物となっている。赤紫色の蝶形花を球形に咲かす。花柄が短いので花のすぐ下に3枚の葉片からなる葉をつけるのが特徴で、花柄に葉を付けないシロツメクサ（P.111）と区別できる。牧草としてだけでなく、根に空中窒素固定作用があり緑肥としても有効。名は花が赤くヨーロッパからの輸入品のパッキンとして詰められていたから。白花のものを雪華詰草（せっかつめくさ）、白花赤詰草（しろばなあかつめくさ）という。

- ●花の色：● ○
- ●科　名：マメ科
- ●別　名：ムラサキツメクサ、レッドクローバー
- ●漢字表記：赤詰草
- ●分　布：ヨーロッパ、西アジア、西アフリカ
- ●分　類：多年草

赤紫色の球形の花が可愛らしい

シロバナアカツメクサ

ムラサキツメクサともいい花色が名の由来

花期：5〜10

夏

オオキンケイギク
Coreopsis lanceolata

● 花言葉：いつも明るく、きらびやかな
● 季　語：夏（キンケイギク）

日当たりの良い道端、土手、河川敷などに群生し、オレンジがかった黄色い花を沢山咲かせる。花の形が警察の紋章に似ている。明治時代中頃に観賞用、緑化用に導入されたが繁殖力が強くて雑草化し、日本の生態系を阻害するとして、2006年に外来生物法によって販売、輸出入、譲渡、栽培が禁止になった。名は花の色がキンケイ（中国の野鳥）、または鶏冠に似て、キンケイギクより大きい事による。近似種のキンケイギクは一年草で栽培可。

● 花の色：🟡
● 科　名：キク科
● 漢字表記：大金鶏菊
● 分　布：北アメリカ
● 分　類：多年草

花期
1
2
3
4
5
6
7
8
9
10
11
12

道端や河原で群生する姿をよく見かける

繁殖力が強く特定外来種に指定されている

栽培可能なキンケイギクは一年草

216

- ●花言葉：思いやり、
　　　　　けがれない心、雄弁
- ●季　語：秋

オオケタデ
Persicaria orientalis

夏

江戸時代に鑑賞や薬用として導入され、空地などに野生化しているが、農家の庭先や畑の片隅などで栽培もされている。高さ2m近くになり、花は濃い桃色で、入道雲のわきたつ夏空にも澄んだ秋空にもよく映える。名は、タデ類で、大型で全体に粗い毛が生えていることから。別名のハブテコブラは花が美しく、真偽のほどは分らないが、コブラのような毒蛇の解毒作用があるからという。民間では葉をもんで腫れ物や毒虫の消炎に利用する。

- ●花の色：●
- ●科　名：タデ科
- ●別　名：ハブテコブラ、トウタデ
- ●漢字表記：大毛蓼
- ●分　布：東南アジア
- ●分　類：一年草

道端や荒れ地などでも見かける

赤紫色の花穂が垂れ下がってつく

葉は先の尖った幅の広い卵形

花期
1
2
3
4
5
6
7
8
9
10
11
12

217

夏 # ガガイモ
Metaplexis japonica

- 花言葉：気品、高尚、崇高、待ちかねる、清らかな祈り
- 季　語：なし

花は白または淡桃色で目立たないが、秋に付く果実は紡錘形で、中に長い毛の生えた種子が多数入っている。おしろいを食べて成長し、幸福を呼ぶといわれる民間伝承上の謎の生物「ケサランパサラン」は、この種子に生える毛がその正体のひとつといわれる。また、少名毘古那神（すくなびこなのみこと）は、天のカガミ（ガガイモの古名）の船に乗って、出雲の大国主神のところに来たと『古事記』にある。実の鞘（さや）の形が船に似ていることによると思われる。

- 花の色：○●
- 科　名：ガガイモ科
- 別　名：カガミグサ
- 漢字表記：蘿藦
- 分　布：日本、東アジア
- 分　類：つる性多年草

花期
1
2
3
4
5
6
7
8
9
10
11
12

星形の花の内側に白い毛が密生する

先の尖ったハート形の葉が対生する

長い毛に包まれた種が風にのって飛ぶ

- 花言葉：輝く心、喜び、
　　　　母親の優しさ
- 季　語：夏

カタバミ

夏

Oxalis corniculata

いたる所に繁茂しありふれた雑草なので、スイモノグサなど地方名が180種以上もある。葉は均整の取れたハート形の3小葉からなる。花は黄色で5裂する。繁殖力が強く絶滅しそうにないので「子孫繁栄」「欠ける事のない地力」「均整が取れた人格」のシンボルとして家紋や校章にするところが多い。葉にシュウ酸塩、クエン酸、酒石酸を含み、噛むとすっぱい。古くは女性が、鏡を磨くのに使ったので、カガミグサの別名がある。

- 花の色：🟡
- 科　名：カタバミ科
- 別　名：カガミグサ、ネコアシ、ショッパグサ、スズメグサ、サクショウソウ
- 漢字表記：片喰、酢漿
- 分　布：日本、世界各国
- 分　類：多年草

花や葉は日が当たると開く

ハート形の3枚の小葉が特徴

円柱形の果実の裂け目から種子が飛び出す

花期
1
2
3
4
5
6
7
8
9
10
11
12

219

ガマ

Typha latifolia

- ●花言葉：従順、素直、あわて者、無差別、救護、慈愛
- ●季　語：夏（ガマ、ガマの穂）、秋（ガマの穂綿）

湿地帯に生えるが休耕田などにふえている。『古事記』の大国主命(おおくにぬしのみこと)にガマの穂によって救われた「因幡(いなば)の白兎」の話は有名。ゆえに大国主命は薬の神様。ガマの花粉は蒲黄(ほおう)といい、切り傷、軽いやけど、止血に利用する。花はソーセージのような円柱形の雌花とその先に突き出た雄花からなる。名は朝鮮語の材料を意味するカマからという。葉は敷物、茎はスダレやカゴをつくる。日本にはガマ、コガマ、ヒメガマが野生する。

- ●花の色：●
- ●科　名：ガマ科
- ●別　名：ミスグサ
- ●漢字表記：蒲
- ●分　布：日本、北アジア、南ヨーロッパ
- ●分　類：水生多年草

水田のわきなど湿地帯に生育する

穂の上は黄色の雄花、下に緑色の雌花がつく

雄花と雌花が離れてつくヒメガマ

- ●花言葉：火、幸せをつかむ、私は燃えている、神秘的な人、良い便り
- ●季　語：なし

キショウブ
夏
Iris pseudacorus

明治の頃から栽培されていたが、各地の水辺に野生化して今では自生しているかのようである。垂れ下がった外側の花弁の中央に茶色がかった模様がある。以前は黄花の品種がなかったハナショウブの交配親となって、黄花ハナショウブが作出されている。繁殖力が強く、在来植物に影響を与えるとして要注意外来生物になっている。英名は、葉や花弁を旗に見立てて、イエローフラッグ アイリス（Yellowflag iris）という。

- ●花の色：●○
- ●科　名：アヤメ科
- ●別　名：イエロー アイリス
- ●漢字表記：黄菖蒲
- ●分　布：西アジア、ヨーロッパ
- ●分　類：多年草

水辺に咲く黄色い花がよく目立つ

花弁の基部に目立たない褐色の模様がある

日本の風景によく馴染んでいるが外来種

花期：5、6

夏

ギボウシ
Hosta

- 花言葉：落ち着き、沈静、静かな人
- 季　語：夏

ギボウシ類は山野に自生し、日本に20種近くあって分布の中心になっている。多くの園芸品種も作成されている。日陰の庭の重要なアイテムで、欧米でもホスタと呼んで、愛好者の団体があるほど人気がある植物。若葉はウルイといわれ、山菜として有名。花はマルハナバチなどの大型のハチで受粉される。ギボウシの名は、蕾を橋の欄干を飾る擬宝珠に見立てたことによる。「這い入りたる虻にふくるる花擬宝珠」高濱虚子。

- 花の色：●●○
- 科　名：ユリ科
- 別　名：ギボシ、ウルイ、ホスタ
- 漢字表記：擬宝珠
- 分　布：日本、朝鮮半島、中国
- 分　類：多年草

花期: 6, 7, 8

花は朝開花して夜にしぼむ一日花

名前の由来となった「擬宝珠」

山菜でウルイと呼ばれる若芽

222

- 花言葉：心の強さ
- 季　語：夏

ゲンノショウコ

Geranium thunbergii

夏

胃腸に良い薬草としてよく知られている。名は、タンニンを多く含み、飲めばたちまち効くというので「現にその証拠」という意味から。別名もイシャイラズやイシャナカセ、テキメンソウなど薬効に由来するものが多い。花色は、関東地方は白、関西地方は赤、中部地方は桃色が多いが、いずれも成分も薬効も差はないようだ。果実の種子が飛び散った後の裂けた鞘(さや)が、神輿(みこし)の屋根の形に似ていることから、ミコシグサの別名もある。

- 花の色：●●○
- 科　名：フウロソウ科
- 別　名：ミコシグサ、イシャイラズ、タチマチソウ、イシャナカセ、テキメンソウ
- 漢字表記：現の証拠
- 分　布：日本
- 分　類：多年草

古来より薬草として利用されてきた

はぜた実が神輿に似ることから「神輿草」

若い根生葉には赤褐色の斑点が目立つ

花期
1
2
3
4
5
6
7
8
9
10
11
12

223

夏

ショウブ
Acorus calamus

●花言葉：なし
●季　語：夏

水辺や池畔に生えるが、植栽もされる。ハナショウブやアヤメと混同されるが、ショウブは『万葉集』にも歌われサトイモ科、ハナショウブやアヤメはアヤメ科でまったくの別物。ショウブの葉の形は刀に似て、芳香がある。「勝負」や「尚武」につながり、5月5日の端午の節句にはヨモギと共に束ね、「軒アヤメ」といって屋根の上にあげ、邪気を払ったと『枕草子』にある。節句に風呂に入れてその香りを楽しむ菖蒲湯は、現代も継承される。

●花の色：🟡
●科　名：サトイモ科
●漢字表記：菖蒲
●分　布：日本、中国、東南アジア
●分　類：常緑多年草

花期
1
2
3
4
5
6
7
8
9
10
11
12

葉に芳香があり、池や水辺に群生する

花は淡黄緑色で棒状の花序ににつく

5月の端午の節句に菖蒲湯に使う

スベリヒユ 夏

Portulaca oleracea

- ●花言葉：無邪気、暴れん坊
- ●季　語：夏

夏の畑の雑草の代表。植物全体が多肉質で、葉や茎がすべすべしているのでスベリヒユの名がある。ヒユは「ひよこ」と同義でかわいいの意味。全体にヌメりと酸味があり、サラダや茹でておひたしなどにして食べる。生薬名（漢名）を馬歯莧（ばしけん）といい、乾燥品を煎じて利尿、膀胱炎、浄血などに利用する。近似種のタチスベリヒユはヨーロッパ、ベトナム、中国南部では野菜として栽培されている。英名をサマー・パースレインという。

- ●花の色：🟡
- ●科　名：スベリヒユ科
- ●別　名：バシカン、ノハイズル、ホトケメシ、ツルツル、ゴギョウソウ、ヒデリグサ
- ●漢字表記：滑り莧
- ●分　布：日本、世界の熱帯から温帯
- ●分　類：一年草

赤紫色を帯びる茎が這うように広がる

花弁の先が2つに浅く裂ける

実が熟すと上部の帽子のような蓋がとれる

花期 1 2 3 4 5 6 **7 8 9** 10 11 12

夏

ゼニアオイ

Malva sylvestris var. mauritiana

- ●花言葉：甘味な、親切な気質、人間性、恩恵、温和、温厚、柔和、母性愛、古風な美人
- ●季　語：夏

江戸時代に渡来。庭などで栽培もされているが、空き地などに野生化している。名は花や実が江戸時代の銭に似ることによる。葉や花に粘液質を多く含み、葉の乾燥したものを生薬名「錦葵葉」、花の乾燥したものを「錦葵花」といい、のどの腫れや痛みに煎じて飲む。イギリスでも、根を煎じた汁に少量の干しブドウをつけ、その汁を飲むとのどや消化器の炎症に効くといわれている。「鴨の子を盥に飼うや銭葵」正岡子規。

- ●花の色：●
- ●科　名：アオイ科
- ●別　名：コアオイ
- ●漢字表記：銭葵
- ●分　布：日本、地中海沿岸
- ●分　類：越年草

地中海原産の帰化植物

5枚の花弁に濃紫色の縦筋が入る

花後につく若い果実には軟毛がある

- 花言葉：素直
- 季　語：夏

タケニグサ

Macleaya cordata

夏

草丈が高く、葉も大きく特異な形をしているので一見外来種のようだが、れっきとした在来種。道路工事後の法面(のりめん)など、土が新しく露出した所を好んで生えるパイオニア植物。中空で節のある茎がタケに似ているから「竹似草」が名の由来。俗に「竹煮草」というが、これは、この草の煮汁でタケに年代ものの古色をつけるからといわれ、江戸時代の野鳥を飼う本には、鳥かごを作るとき竹ひごをタケニグサと煮て古色を出すとあるそうだ。

- 花の色：○
- 科　名：ケシ科
- 別　名：チャンバギク、ササヤキグサ
- 漢字表記：竹似草、竹煮草
- 分　布：日本、東アジア
- 分　類：多年草

日当たりのよい荒れ地などに生育する

花に花弁はなく、無数の雄しべがある

葉裏が白いのが特徴

花期
1
2
3
4
5
6
7
8
9
10
11
12

227

夏

ツユクサ
Commelina communis

- ●花言葉：なつかしい関係、尊敬
- ●季　語：秋

名は朝露を帯びて咲く花の意味。花は朝咲いて昼にはしぼみ、はかなさの象徴のようだが、草全体は根絶しがたいほど強健。『万葉集』に「朝咲き夕べは消ぬる鴨頭草の消ぬべき恋も我はするかも」の歌がある。花びらを衣にすり付けて染めたことから「着き草」といい、この色が縹色と呼ばれている。花弁は上の2枚は目立つが、下の1枚は白く目立たない。栽培変種のオオボウシバナは京友禅の下絵用の染料に使われている。

- ●花の色：●○
- ●科　名：ツユクサ科
- ●別　名：ボウシバナ、ホタルグサ、ツキクサ、アオバナ、ウツシグサ
- ●漢字表記：露草
- ●分　布：日本、東アジア
- ●分　類：一年草

鮮やかな青色の大きな花弁がよく目立つ

白花種

苞に包まれた若い果実

- 花言葉：白い追憶、野生
- 季　語：夏

ドクダミ

Houttuynia cordata

夏

日陰の湿った所に群生する。白い花弁に見えるのは4枚の総苞片。花は総苞片の中心にある穂のようなものに多数つける。昔から薬草として利用されている。名は「毒を矯める」や「毒止め」、「毒痛み」などからドクダミに変化したものといわれる。さまざまな薬効があるので、十薬、または重要な薬なので重薬の別名がある。中国やベトナムでは野菜にして食用。鑑賞用に葉がカラフルな'五色ドクダミ'('カメレオン')がある。

- 花の色：○
- 科　名：ドクダミ科
- 別　名：ジュウヤク、ドクダメ、ジゴクソバ、ギョセイソウ
- 漢字表記：蕺草
- 分　布：日本、中国、東南アジア
- 分　類：多年草

葉に独特の臭いがあるが白い花は清楚

五色葉の品種'カメレオン'

八重咲き種のヤエドクダミ

花期
1
2
3
4
5
6
7
8
9
10
11
12

夏

ネジバナ
Spiranthes sinensis var. amoena

●花言葉：思慕

●季　語：夏

芝生や道路の分離帯などに生える。小さな花が花茎にらせん状にねじれるように咲くので、ネジバナの名がある。ねじれは左巻き、右巻き、さらにねじれないものもある。別名のモジズリは、花が昔、東北地方で行われていた型染めの「信夫捩摺（しのぶもじずり）」のねじれ乱れた模様に似ることによる。百人一首に「陸奥（みちのく）のしのぶもぢずり誰ゆゑに乱れそめにしわれならなくに」がある。山草愛好家はコマチランといい、変化花や葉を楽しむ。

●花の色：●○
●科　名：ラン科
●別　名：モジズリ、コマチラン
●漢字表記：捩花
●分　布：日本、温帯、熱帯アジア、
　　　　　ヨーロッパ、オセアニア
●分　類：多年草

日当たりのよい芝生でよく見かける

白花

葉は根生し、先が尖った広線形

- ●花言葉：素朴で清楚
- ●季　語：夏

ヒメジョオン

夏

Erigeron annuus

明治の初めに観賞用に導入され、「柳葉姫菊」と呼ばれていた。鉄道の普及で都市部から全国に広がり、今では山地や高原にまで入り込んで、日本の「侵略的外来種ワースト100」に選定されている。ハルジオンによく似ていて区別が難しいが、つぼみが下を向き、葉が茎を抱くハルジオンに対して、こちらはつぼみが上を向き、葉が茎を抱かないなどの違いがある。開花はハルジオンより1カ月ほど遅い。若菜は食べられる。

- ●花の色：○
- ●科　名：キク科
- ●別　名：ヤナギバヒメギク、テツドウグサ
- ●漢字表記：姫女苑
- ●分　布：北アメリカ
- ●分　類：越年草

繁殖力が強くいたるところでよく見かける

つぼみは上向きにつく

葉の幅が狭く柄がなく茎を抱かない

花期: 6, 7, 8, 9, 10

231

夏

ヒルガオ
Calystegia japonica

● 花言葉：絆、やさしい愛情、友人のよしみ、危険な幸福
● 季　語：夏

日当りの良い空地や道端などで、ほかのものにからまりながら生えている。花は昼中咲き続けて夕方にしぼむ一日花。畑などに生えると、耕すたびに根が細かく切れてそこから芽を出すので厄介な雑草となる。『万葉集』には美しい花という意味の「かほばな」の名で詠まれ、「高円（たかまど）の野邊（のべ）の容花（かほばな）面影に見えつつ妹は忘れかねつも」（大伴家持（おおとものやかもち））がある。花柄の上部に翼がないので、縮れた翼があるよく似たコヒルガオと区別できる。

● 花の色：●
● 科　名：ヒルガオ科
● 別　名：カオバナ
● 漢字表記：昼顔
● 分　布：日本、朝鮮半島、中国
● 分　類：つる性多年草

花期：6、7、8

夏の日差しを受けて日中咲くのが名の由来

花柄に翼がなく滑らかなヒルガオ

葉の基部が左右に大きく張り出すコヒルガオ

- ●花言葉：自由な心
- ●季　語：なし

ヒルザキツキミソウ

Oenothera speciosa

夏

マツヨイグサの仲間。マツヨイグサ類は花が夜に咲くのが多い中で、この種は昼間に咲き、花が桃色なので、モモイロヒルザキツキミソウとも呼ばれている。マツヨイグサの類は雌しべが十字状に裂け、花粉が粘着のある糸で連なっているので、たやすく昆虫の足などにからまって確実に花粉が運ばれる仕掛けになっているのが特徴。似た名前のツキミソウは、白い花が夜ひらき、野生はしていないが、種が出回り、庭などで栽培されている。

- ●花の色：● ○
- ●科　名：アカバナ科
- ●別　名：エノテラ、モモイロヒルザキツキミソウ
- ●漢字表記：昼咲月見草
- ●分　布：北アメリカ
- ●分　類：多年草

カップ形の花が次々とにぎやかに咲く

花弁は4枚で花の中心が黄色に染まる

夜に開き朝に桃色になってしぼむツキミソウ

花期
1
2
3
4
5
6
7
8
9
10
11
12

233

夏 # ブタクサ
Ambrosia artemisiifolia

- ●花言葉：幸せな恋
- ●季　語：夏

北アメリカ原産で、明治時代初期に渡来した帰化植物。戦後、全国に広がり「マッカーサーの置き土産」といわれる。花粉が風に乗って飛ぶ風媒花で、オオブタクサと共に花粉症のアレルゲンとして厄介な雑草である。ブタクサは、軟らかな葉がキクの葉のように細かく切れ込む。オオブタクサは草丈も大きく、葉が3裂してクワの葉に似るので、クワモドキの別名がある。共に外来生物法により要注意外来生物に指定されている。

- ●花の色：●●
- ●科　名：キク科
- ●漢字表記：豚草
- ●分　布：北アメリカ
- ●分　類：一年草

花期
1
2
3
4
5
6
7
8
9
10
11
12

風で飛ぶ花粉が花粉症の原因になり嫌われる

大形で草丈が2m以上になるオオブタクサ

雄花は長い穂状で、穂の基部に雌花がつく

ホタルブクロ
Campanula punctata

夏

- ●花言葉：なし
- ●季　語：夏

山野に自生するが、鑑賞のため植栽もされている。名は、花が釣鐘形で、子供がホタルを捕まえて入れて遊んだので蛍袋、または火の入った提灯に見立てて、提灯の古語である火垂袋という説がある。ホタルブクロは基部に、反り返る小さな裂片があるが、よく似たヤマホタルブクロは基部が膨らみ、裂片がない。アオバナホタルブクロといって、青い花を咲かせるものを見かけるが、これは Campanula Sarastro で、種が異なる。

- ●花の色：●●●○
- ●科　名：キキョウ科
- ●別　名：チョウチンバナ（提灯花）、ツリガネソウ（釣鐘草）
- ●漢字表記：蛍袋、火垂袋
- ●分　布：日本、朝鮮半島、シベリア
- ●分　類：多年草

奥ゆかしい風情でうつむいて咲く姿が人気

大きな釣鐘形の花は先が浅く5裂する

白花種

花期：5〜6

夏

マツヨイグサ
Oenothera odorata

- 花言葉：移り気、温和、協調、ほのかな恋、浴後の美人
- 季　語：夏

夕方に咲き、翌朝には赤くしぼむのが特徴。江戸時代後期に観賞用に導入され、空地や川原などに自生していたが、最近は見かけることが少なくなった。かわりにメマツヨイグサやアレチマツヨイグサが目立つ。竹久夢二の千葉県での失恋の詩、「待てど暮らせど来ぬ人を宵待草のやるせなさ今宵も月はでぬそうな」の宵待草や、太宰治の『富嶽百景』の文中「富士には月見草がよく似合う」の月見草は、オオマツヨイグサとされる。

- 花の色：🟡
- 科　名：アカバナ科
- 別　名：ヨイマチグサ
- 漢字表記：待宵草
- 分　布：チリ、アルゼンチン
- 分　類：一年草

花期
1
2
3
4
5
6
7
8
9
10
11
12

大型の花をつけるオオマツヨイグサ

花がしぼむと黄赤色になるマツヨイグサ

最もよく見かけるメマツヨイグサ

マンネングサ

Sedum

夏

- ●花言葉：私を思って下さい、落着き、静粛、記憶
- ●季　語：なし

世界に400種ほどあるといわれるが、人家近くでよく見かけるのは、枝分かれする花穂を出すメキシコマンネングサ、葉のわきに小さなムカゴ状の子苗がつくコモチマンネングサ、葉が丸いマルバマンネングサ、葉が三枚輪生するツルマンネングサなどで、いずれも葉は多肉質。ツルマンネングサは、韓国ではドルナムル（またはドンナルム）といい、カルシウム、リン、ビタミンCが多く、春の山菜としてサラダなどに利用する。

- ●花の色：🟡⚪
- ●科　名：ベンケイソウ科
- ●別　名：セダム
- ●漢字表記：万年草
- ●分　布：アジア、ヨーロッパ、北アメリカなど世界各地
- ●分　類：常緑多年草

庭でも栽培されるメキシコマンネングサ

葉の幅がやや広いツルマンネングサ

葉のわきに珠芽をつけるコモチマンネングサ

花期：5、6

ミソハギ

Lythrum anceps

- 花言葉：悲哀、慈悲、愛の悲しみ、純真な愛情
- 季　語：秋

湿地に自生するが、仏花として庭でも栽培される。名は、お盆のときこの花穂で供え物に水を注いで清めたことから、禊萩が詰まって、ミソハギになったとされる。また、溝のような所に生え、花がハギに似るから「溝萩」とも書く。「みそはぎや水につければ風の吹く」一茶。古くから盆の供花として使われ、別名を盆花、精霊花という。同じような場所で見かけるエゾミソハギは、やや花が大きく、葉の基部が茎を抱き、毛が多い。

- 花の色：●
- 科　名：ミソハギ科
- 別　名：ボンバナ、ショウリョウバナ、ソビソウ
- 漢字表記：禊萩、溝萩
- 分　布：日本、朝鮮半島
- 分　類：多年草

旧暦の盆の頃に咲き「盆花」の名もある

やや大きめの花をつけるエゾミソハギ

ミソハギの葉は茎を抱かない

● 花言葉：喜び、心の輝き

ムラサキカタバミ

夏

● 季　語：なし　　Oxalis corymbosa　シノニム Oxalis debilis var. corymbosa

江戸時代末期に鑑賞用に導入されたが、畑地や石垣の隙間などでよく見かける帰化植物。種子はつけないが、根が小さな鱗茎状（りんけいじょう）で、引き抜くと鱗茎がばらばらに散ってふえる厄介な雑草。環境省により要注意外来生物に指定されている。よく似たイモカタバミとの区別点は、ムラサキカタバミは雄しべの葯が白で、触れても花粉がつかないが、イモカタバミは葯の色が黄色で、触れると花粉がつき、地下にイモのような塊茎をつくる。

◉花の色：●
◉科　名：カタバミ科
◉別　名：キキョウカタバミ
◉漢字表記：紫片喰、紫酢漿草
◉分　布：南アメリカ
◉分　類：多年草

雄しべの葯は白色で花粉が出ない

花に触れると黄色い花粉がつくイモカタバミ

地下の小さな鱗茎でふえるムラサキカタバミ

花期
1
2
3
4
5
6
7
8
9
10
11
12

239

夏

ヨウシュヤマゴボウ
Phytolacca americana

- 花言葉：野生、元気、内縁の妻
- 季　語：秋

明治時代に北アメリカから渡来し、根がゴボウのように太いのでヨウシュヤマゴボウ、アメリカヤマゴボウの名がある。有毒植物。漬物になる山ごぼうはキク科のモリアザミの根だが、それと名が似ているので間違えて食べて中毒した例がある。実も有毒。ブルーベリーと間違えて中毒した例がある。黒紫色に熟す実は染料になり、アメリカではインクベリーという。ヤマゴボウという名の中国産のものも野生していて、こちらは茎が緑色。

- 花の色：○
- 科　名：ヤマゴボウ科
- 別　名：アメリカヤマゴボウ
- 漢字表記：洋種山牛蒡
- 分　布：日本、北アメリカ
- 分　類：多年草

花期：6, 7, 8, 9

都市周辺の空き地でもふつうに見かける

花弁のようにみえるのは萼片で5枚ある

軟らかい葉は美味しそうに見えるが有毒

240

散歩で見かける草木花

秋・冬

季語　花言葉　名前の由来

秋・冬

アロエ
Aloë

- ●花言葉：健康、信頼、迷信、苦痛、万能
- ●季　語：冬

アロエは世界に300種ほどある。日本では薬用、鑑賞に栽培されている。その中でも暖地の市街地でよく見かけるのはキダチアロエで江戸時代に渡来。葉にアロインと言う薬効成分を含み、やけど、切り傷、胃腸薬用、化粧品、食用に利用。別名イシャイラズ。アレキサンダー大王はアロエの薬効に注目して、アロエの産地のアラビア沖のソコトラ島を支配下にしたという。葉が大きく肉厚で果肉の苦味が少ないアロエ・ベラも栽培されている。

- ●花の色：●●
- ●科　名：ススキノキ科
　　　　　（ユリ科、ツルボラン科）
- ●別　名：キダチロカイ、イシャイラズ
- ●分　布：アフリカ南部、マダガスカル
- ●分　類：常緑多年草

花期
1
2
3
4
5
6
7
8
9
10
11
12

「医者いらず」と呼ばれるキダチアロエ

黄色の縞斑が入る'不夜城錦'

ダヴィアナ種'星斑竜舌（ほしふりゅうぜつ）'

ウインターコスモス

Bidens ferulifolia

秋・冬

- ●花言葉：調和、真心、淡い恋
- ●季　語：なし

コスモスの名がつくがコスモスの仲間ではない。花がコスモスに似て園芸店に秋から初冬にかけて多く出回るのでこの名がある。ビデンス属は世界に230種ほどあるが、園芸として栽培されているのは、主にメキシコ原産のフェルリフォリア種とアメリカのフロリダ、テキサス州原産のラヴェイス種、またはその交配種。学名のBidensはラテン語の「2」と「歯」の意味の合成語。実に2本のトゲがあることによる。

- ●花の色：●●
- ●科　名：キク科
- ●別　名：ビデンス
- ●分　布：メキシコ、北アメリカ
- ●分　類：一年草、多年草

一重咲きのウインターコスモス

八重咲きの'イエローシュシュ'

珍しい花色の'ピンクハート'

花期：9, 10, 11, 12

秋・冬

キク
Chrysanthemum × morifolium

- ●花言葉：高貴、高尚、真の愛、私を信じて下さい、女性的な愛情
- ●季　語：秋

栽培キクは中国で食用、薬用として有史以前から栽培され、日本では江戸時代にキクの栽培が大流行して、「菊合わせ」という新花の品評会も行われた。また、京都（嵯峨菊）、江戸、伊勢、熊本（肥後菊）で独自の品種群が作られ、今でも菊花展などで見られる。天皇家の菊の御紋「菊花紋章（十六弁八重表菊紋）」は鎌倉時代、キクの花を好まれた後鳥羽上皇が定めた事による。五十円硬貨の表にはキクがデザインされている。

- ●花の色：●○●●
- ●科　名：キク科
- ●別　名：ホシミグサ、シモミグサ、インクンシ
- ●漢字表記：菊
- ●分　布：日本、中国
- ●分　類：多年草

花期：10、11

重厚で雄大な花容の大菊の厚物

御紋章菊と呼ばれる一文字菊'山吹かさね'

花弁が筒状になる'チヅル風車'

244

秋・冬

クリスマスローズ
Helleborus

- ●花言葉：中傷、悪評、いさめ、発狂、私の心配を救ってください
- ●季　語：冬

クリスマスローズというのは、本来はクリスマスの時期にバラのような花を咲かせる原種のヘレボルス・ニゲルを指すが、最近は早春咲きのヘレボルス・オリエンタリス（レンテンローズ）やその交配種を含めて呼ぶようになった。幼子キリストにささげる花がない、と嘆いている羊飼いの娘を哀れに思った天使が、大地に触れてクリスマスローズを咲かせて持たせたという。毒草であるが、古代ギリシャでは狂気を治す薬として使用された。

- ●花の色：🌸🟡🔵🟢⚫⚪
- ●科　名：キンポウゲ科
- ●別　名：ヘレボルス
- ●分　布：ヨーロッパ
- ●分　類：常緑多年草

下を向く楚々としたやさしげな花が人気

ピンク系の八重咲き種

クリスマの頃に咲くニゲル種

花期: 1, 2, 3, 4

245

コスモス

Cosmos bipinnatus

- ●花言葉：乙女のまごころ、愛情、穏やかさ
- ●季　語：秋

明治20年頃に渡来。日本の風景によくなじんでいるが意外と新参者。最近は休耕田、スキー場などに観光資源として大規模に栽培されているが、在来種の生育への影響が心配されている。Cosmosは、ギリシャ語で「飾り、秩序、美しい」の意。秩序、調和のある宇宙観のこともコスモスという。花が秋に咲き、サクラに似るので、別名をアキザクラ（秋桜）という。本来は短日花で秋咲きだが、改良され6月頃から咲く品種もつくられている。

- ●花の色：● ● ○ ● ●
- ●科　名：キク科
- ●別　名：アキザクラ、オオハルシャギク
- ●分　布：メキシコ
- ●分　類：一年草

日本の秋の風景をつくる花

'イエローキャンパス'

丁字咲き種

シオン

Aster tataricus

秋・冬

- ●花言葉：君を忘れない、遠方にある人を思う
- ●季　語：秋

青紫色の花が秋空によく映える。平安時代にはすでに観賞用に庭などに植えられ、紫苑色(しおん)として装束の内着の色になっているが、名は、花の色でなく根の色による。別名の鬼の醜草(おに　しこぐさ)は、『今昔物語』の「親の墓にシオンを植え、墓参りを欠かさなかった孝行息子を、墓守の鬼が感じ入った」と言う話が基になって、物忘れをしない草といわれている。根にサポニン、精油を含み、咳止め、去痰に使用される。「今日になるまでが楽しき紫苑晴」星野立子。

- ●花の色：●
- ●科　名：キク科
- ●別　名：オニノシコグサ、ジュウゴヤソウ
- ●漢字表記：紫苑
- ●分　布：日本、中国、朝鮮半島
- ●分　類：宿根草

すっと立った素朴な姿が印象的

やさしい薄紫色の花が多数群がって咲く

梅雨の頃は青々と若い葉を広げる

花期：8、9、10

秋・冬

シクラメン
Cyclamen persicum

- 花言葉：内気、はにかみ、遠慮がち、疑い
- 季　語：春

地中海沿岸原産。冬から春の室内の鉢物として改良されたが、最近は冬の屋外でも楽しめるガーデンシクラメンもある。英名の Cyclamen の cycle はギリシャ語の「回転する、丸い」と言う意味。原種のシクラメンは花が終わると花茎(かけい)がゼンマイのように巻く姿からこの名がついた。以前は花に香りが無かったが『シクラメンのかほり』（作詞・作曲；小椋佳、歌：布施明）が流行したので、香りのあるシクラメンが作出されている。

- 花の色：●●●●○✥
- 科　名：サクラソウ科
- 別　名：ブタノマンジュウ、カガリビバナ
- 分　布：地中海沿岸、トルコ
- 分　類：球根植物

花期：1, 2, 3, 4, 11, 12

毎年新品種が出回る人気の冬の鉢花

戸外で栽培できるガーデンシクラメン

花後花茎がらせん状に巻くヘデリフォリウム種

秋・冬

シュウカイドウ
Begonia grandis

- ●花言葉：自然を愛す、恋の悩み、片思い、未熟
- ●季　語：秋

江戸時代初期に観賞用に持ち込まれたが、人家近くの日陰などにも自生する帰化植物。最も寒さに耐えるベゴニアの一種。名は、中国名、「秋海棠」の音読みで、花が春に咲くカイドウに似ていて、秋に咲くことによる。花の咲き方が、寺社などの軒の下の飾りの瓔珞に似るので、ヨウラクソウの別名がある。葉の形が左右異なり、ハートの崩れた形をしているので、花言葉は「片思い」。種子のほか、葉のわきにできる珠芽でもふえる。

- ●花の色：●○
- ●科　名：シュウカイドウ科
- ●別　名：ヨウラクソウ
- ●漢字表記：秋海棠
- ●分　布：中国、マレー半島
- ●分　類：球根多年草

淡紅色の花を下げて日陰を彩る

シロバナシュウカイドウの雄花

葉のわきについたムカゴが落ちてふえる

花期
1
2
3
4
5
6
7
8
9
10
11
12

249

スノードロップ
Galanthus

秋・冬

- ●花言葉：希望、慰め、楽しい予告、恋の最初のまなざし
- ●季　語：春

スノードロップの仲間は10種類ほどあるが、日本ではエルウェシー（G.elwesii）と、ニヴァリス（G.nivalis）、その八重咲きの'フロレ・プレノ'（Flore Pleno）が出回る。楽園を追われたアダムとイヴが、花も咲かない冬を嘆き悲しんでいると天使があらわれ、「冬が過ぎれば希望の春が来る」と慰め、降る雪をスノードロップに変えたといわれる。白い清浄な花なので、カトリックでは2月2日の聖燭節（キャンドルマス）の花とされる。

- ●花の色：○
- ●科　名：ヒガンバナ科
- ●別　名：ガランサス、マツユキソウ、ユキノハナ
- ●分　布：ヨーロッパ、コーカサス山脈
- ●分　類：球根

花期：2、3、4

可憐な花は雪の花を連想させる

エルウェジー種。日中に花を開いて夜には閉じる

ニヴァリス種の八重咲き'フローレ・プレノ'

秋・冬

- 花言葉：気取りや、虚飾、見栄坊、贅沢
- 季　語：秋

ハゲイトウ
Amaranthus tricolor

緑の葉に赤い色が混じるのを「雁来紅（がんらいこう）」、黄色が混じるものを「雁来黄（がんらいこう）」、紅、紫、黄、緑に早くから色づくものを「十様錦（じゅうようきん）」という。雁来紅や雁来黄は、秋にガンが飛来する頃に色づくのが名の由来。古名を「かまつか」といい、『枕草子』に「かまつかの花」で登場し、俳句でも「かまつか」で詠まれる。カマツカには同じ名のバラ科の植物があるが、これは小低木。健康食品として人気のアマランサスは仙人穀（せんにんこく）といい、仲間である。

- 花の色：🟢🔴🟡🟤
- 科　名：ヒユ科
- 別　名：ガンライコウ、ニシキケイトウ
- 漢字表記：葉鶏頭
- 分　布：インド、熱帯アジア
- 分　類：一年草

'アーリースプレンダー'

葉のわきに目立たない小さな花が密集してつく

秋、日が短くなると葉が鮮やかに色づく

花期
1
2
3
4
5
6
7
8
9
10
11
12

251

秋・冬

ハボタン
Brassica oleracea var. acephala f. tricolor

- ●花言葉：利益、慈愛、物事に動じない、祝福、愛を包む
- ●季　語：冬

冬花壇の花形の一つで、キャベツの原種の「ケール（青汁の原料として有名）」から日本で作られた。食用には苦くて適さない。名は、葉がカラフルでボタンの花のようにみえることから。葉の形で4系にわけられる。葉が丸い東京丸葉（江戸ハボタン）、葉が丸く少しウエーブがかった大阪丸葉、葉が縮れる名古屋ちりめん、葉が細く切れ込む「さんご系」、「くじゃく系」。最近は葉がプラチナのように照り輝くプラチナ系のものも出回っている。

- ●花の色：🟡、●葉の色：🔴🟠🟡⚪🟣
- ●科　名：アブラナ科
- ●別　名：ボタンナ
- ●漢字表記：葉牡丹
- ●分　布：ヨーロッパ
  　　　　（日本作成の園芸種）
- ●分　類：越年草

花期
1
2
3
4
5
6
7
8
9
10
11
12

寒くなるにつれて色づく葉を楽しむ

小形のミニハボタン

葉が細かく切れ込むサンゴ系

パンジー・ビオラ

Viola X wittrockiana

秋・冬

- ●花言葉：純愛、物思いにふける。思索、楽しい思い、私のことを思ってください、遠慮
- ●季　語：春

パンジーとビオラの区別はないが、園芸では便宜上、花の直径が 3cm 以上のものをパンジー、3cm 以下のものをビオラとしている。別名は三色スミレ。ギリシャ神話で天国の神ジュピターが妻ジュノーの所に行く途中、女王で巫女を務める美しいヨーを見初めた。二人は愛し合うがジュノーにそれがわかり、ジュノーは巫女・ヨーを殺そうとした。ジュピターはヨーを救うためにヨーの姿を羊に変え、餌として三色スミレを生やしたという。

- ●花の色：●●●●●○●❀
- ●科　名：スミレ科
- ●別　名：サンシキスミレ
- ●分　布：ヨーロッパ
- ●分　類：越年草

最近は晩秋から咲き冬花壇を彩る

パンジー'コンテッサ'

バニータイプのビオラ'ルルのひなたぼっこ'

花期: 1, 2, 3, 4, 5, 10, 11, 12

秋・冬

ベゴニア
Begonia

- ●花言葉：親切、片思い、丁寧、幸福な日々
- ●季　語：夏

熱帯から温帯に多くの種があり、園芸品種も多くそれらの総称で、日本に野生するシュウカイドウもこの仲間である。園芸的には、主に木立性、根茎性、球根性、観葉性に分ける。花壇で主に栽培されているのはベゴニア・センパフローレンス Begonia Semperflorens で、別名を四季咲きベゴニアと呼ぶ。南アメリカ原産の Begonia cucullata に他品種を交配したもので、寒さに弱いので日本では一年草として扱われている。

- ●花の色：●●●●●○
- ●科　名：シュウカイドウ科
- ●分　布：オーストラリアを除く、世界の熱帯から温帯
- ●分　類：宿根草、球根

花期：1〜12

花期が長いセンパフローレンス

豪華な鉢花で人気の球根ベゴニア

華麗な花姿のエラチオール・ベゴニア

マーガレット
Argyranthemum frutescens

秋・冬

- ●花言葉：真実の友情、愛の誠実
- ●季　語：夏

日本には明治時代末期に渡来。マーガレットの名前の由来は、ギリシャ語で「真珠」を意味する「マルガリッテ」。白一重咲きが基本であったが品種改良により赤、桃、黄色などの花色に八重咲き、丁子咲きのものもある。暖地では何年も越冬して大きくなり、木質化して低木状になる。和名の木春菊（もくしゅんぎく）は、葉がシュンギクに似て木質化することによる。一重の花で花びらを一枚ずつ取って「好き、嫌い」などと花占いをする。デンマークの国花。

- ●花の色：○●●●
- ●科　名：キク科
- ●別　名：モクシュンギク
- ●分　布：アフリカ西部マデイラ島、カナリア諸島
- ●分　類：常緑低木、多年草

世界中で親しまれている花である

ピンクの丁字咲き'ゲブラスター'

八重咲き種'モリンバ'

花期：1, 2, 3, 4, 5, 6, 7, 8, 9, 10, 11, 12

255

アオキ

Aucuba japonica

秋・冬

- ●花言葉：若く美しく
- ●季　語：春（花）、冬（実）

日本特産で、学名も Aucuba japonica（アオクバ ジャポニカ）。葉とともに枝が年中青々としているのが名の由来。4弁の茶褐色の小さな花を穂状につける。雌雄異株で雌木は冬に赤い楕円形の実をつける。葉は薬用にされ、奈良県の大峰山（おおみねさん）の宿坊（しゅくぼう）で売られている和漢胃腸薬の陀羅尼助（だらにすけ）は、健胃剤のキハダのエキスにアオキなどを加えたもの。民間薬では、殺菌作用がある葉を火であぶり、軽いやけどや腫れ物などの患部に塗る。

- ●花の色：●●
- ●科　名：アオキ科（ミズキ科）
- ●別　名：アオキバ、ダルマノキ
- ●漢字表記：青木
- ●分　布：日本
- ●分　類：常緑低木

花期：3、4、5

ヒメアオキの雌花。花弁は4枚

先の尖った楕円形の葉が対生する

雌雄異株。雌株は長楕円形の実をつける

秋・冬

アケビ
Akebia quinata

- 花言葉：才能、唯一の恋
- 季　語：春（花）、秋（果実）

山地に自生するが、栽培もされて生垣などで見かける。名は、秋に果実が割れ中身が見えることから"開け実"が転じたもの。若芽は「木の芽」と呼び、お浸しや和え物に、果実は果皮にひき肉などを詰めて油で揚げたり、味噌炒めにして食べる。寒天状の果肉はほんのり甘く美味。種から油を取り、つるで籠などを編む。茎は木通（もくつう）という生薬で利尿、抗炎作用がある。アケビは小葉が5枚。近似種のミツバアケビは3枚。よく似たムベは常緑で3〜7枚。

- 花の色：●○
- 科　名：アケビ科
- 別　名：アケビカズラ、アクビ
- 漢字表記：木通
- 分　布：日本、中国、韓国
- 分　類：落葉つる性植物

アケビの花。開いているのは雌花

アケビの実。熟すと裂開するのが名の由来

アケビは小葉が5枚ある

花期
1
2
3
4
5
6
7
8
9
10
11
12

秋・冬

イイギリ
Idesia polycarpa

● 花言葉：豊穣

● 季　語：秋（実）

公園、街路樹、庭木として植えられ、春に小さな黄緑色の花を多数咲かす。花弁は無く5〜6個の萼片(がくへん)がある。雌雄異株で、雌木にナンテンやブドウの房のような実がなり、秋に赤く熟す。葉はハート形で大きく、長い葉柄の先に一対の蜜腺がある。名は、葉が桐(きり)に似ていて、その大きな葉で飯を包んだ（飯桐＝いいぎり）ため。夏から秋に採取した葉を染料に使う。スズ媒液で黄色、銅媒液で茶色、鉄媒液でオリーブ・グリーンに染まる。

● 花の色：🟢
● 科　名：イイギリ科
● 別　名：ナンテンギリ
● 漢字表記：飯桐
● 分　布：日本、朝鮮半島、中国、台湾
● 分　類：落葉高木

花期：4〜5

ナンテンに似た実をつけるのは雌株

雌雄異株。球形の子房がある雌花

雄しべが目立つ雄花は雌花より大きい

●花言葉：鎮魂、長寿、しとやか、荘厳、詩的な愛
●季　語：春（花・芽）、秋（実）、冬（落ち葉）

イチョウ
Ginkgo biloba

秋・冬

葉がアヒルの足に似ているので、中国で鴨脚樹と言い、その発音の「イアチャオ」からイチョウに訛ったのが名の由来という。また、実の銀杏（ぎんなん）は、唐読みの「ギンアン」から。東京大学の平瀬作五郎が種子植物のイチョウに精子があることを1896年に発見した。今もそのイチョウが小石川植物園にある。大木になると乳房のように気根が垂れ下がるものがあり「乳（ちち）イチョウ」と呼ばれる。葉は薬用としてドイツ、フランスなどに輸出されている。

●花の色：🟡🟢
●科　名：イチョウ科
●別　名：ギンナン、コウソンジュ
●漢字表記：公孫樹、銀杏
●分　布：中国
●分　類：落葉高木

秋の黄葉は見ごたえがある

雌花。長い柄の先に裸の胚珠が2個つく

雌雄異株。美味しい「銀杏（ぎんなん）」は雌株につく

花期
1
2
3
4
5
6
7
8
9
10
11
12

259

ウメモドキ
Ilex serrata

秋・冬

- ●花言葉：明朗、知恵、深い愛情
- ●季　語：秋

庭木、公園樹として栽培されているが、本州から九州の自生地では絶滅危惧種になっている所もある。初夏に咲く淡紫色の小さな花は目立たないが、秋には枝いっぱいに赤い実がつき、葉が落ちてからも枝に残りよく目立つ。丸い実は小鳥の好物。名は、葉や枝ぶりがウメに似ているが非なるものという意味。品種に白実、黄実、実の大きい'大納言'、また、小さな実が多数つくコショウバイ、実に長い柄があるフウリンウメモドキもある。

- ●花の色：●
- ●科　名：モチノキ科
- ●別　名：ムメモドキ
- ●漢字表記：梅擬
- ●分　布：日本、中国
- ●分　類：落葉低木

花期：6

葉が落ちた後も実が残りよく目立つ

雌雄異株。緑色の子房が目立つ雌花

実も小さいコショウバイ。鉢植えに向く

エリカ
Erica

秋・冬

- ●花言葉：孤独、謙遜、休息、心地よい言葉、博愛
- ●季 語：春

エリカ属は北ヨーロッパから南アフリカまで700種以上の種があり、その内90%近くは南アフリカ産。イギリスでは、北ヨーロッパ産のエリカとその近似種のカルーナ属を含めてヒースまたはヒーザーといい、ドイツではハイデと呼ぶ。どちらも植物を指すとともに荒野の意味もある。日本で花壇や公園で栽培されているのはジャノメエリカが一般的で、冬から早春に咲く。ピンクの花冠に葯が黒く、花の一輪が蛇の目に見えるのが名の由来。

- ●花の色：●●●○
- ●科 名：ツツジ科
- ●別 名：ヒース
- ●花 期：12～4月（ジャノメエリカ）
- ●分 布：ヨーロッパ、地中海沿岸、アフリカ
- ●分 類：常緑低木

庭にも植えられるジャノメエリカ

壺形の花をつけるスズランエリカ

寒さにあうと葉が色づくカルーナ

花期：1, 2, 3, 4, 5, 6, 7, 8, 9, 10, 11, 12

秋・冬

ガマズミ
Viburnum dilatatum

- 花言葉：結合、愛は強し、私を無視しないで、無視したら私は死にます
- 季　語：秋（実）

丘陵や里山の林縁などに生えるが、庭木としても植えられている。樹高2〜3mで、春に小さな白花を多数傘状に咲かす。秋に赤く熟した実は花より目立つ。名は「神つ身」、「噛み酢実」から。また、中国名「莢蒾」の音読み（きょうめい）がカメに転じ、更にガマに変化して、実を染料に使ったから染み（ずみ）、あるいは酸っぱい実の酸実が結びついてガマズミになったと推測されている。熟れた実は甘酸っぱくて生食でき、赤い果実酒にもなる。

- 花の色：○
- 科　名：スイカズラ科
- 別　名：ヨソゾメ、ヨツズミ
- 漢字表記：莢蒾
- 分　布：日本、朝鮮半島、中国
- 分　類：落葉低木

花期

1
2
3
4
5
6
7
8
9
10
11
12

赤い実は甘酸っぱくて美味しい

花は梅雨の時期に枝先に固まって咲く

実が黄色に熟すキミノガマズミ

- 花言葉：謙虚、真実、陶酔、初恋
- 季　語：秋

キンモクセイ
Osmanthus fragrans var. aurantiacus

秋・冬

普段気づかなくても、秋になると良い香りを放つので、木のあり場所がわかる。落花して地面が橙色に染まるのも美しい。キンモクセイの別名を踏音開言花（ふみおえことばな）、白花のギンモクセイを白銀事花（しろがねことばな）という。踏音開言花とは、よい香りで人が近寄ると、近寄った人に生命力再生の機運が開く花という意味。白銀事花のシロガネは星のことで多くの星（花のこと）を集めて事の実現化をもたらす花の意味。雌雄異株だが日本には雄木しかなく、実はならない。

- 花の色：●
- 科　名：モクセイ科
- 別　名：フミオエコトバナ
- 漢字表記：金木犀
- 分　布：中国南部
- 分　類：常緑小高木

よい香りで秋の訪れを知らせる

新芽

白花をつけるギンモクセイ

花期
1
2
3
4
5
6
7
8
9
10
11
12

263

秋・冬

コムラサキ
Callicarpa dichotoma

- ●花言葉：聡明、上品、愛され上手、知性（ムラサキシキブ）
- ●季　語：秋（ムラサキシキブ）

庭や公園に植えられている。秋に実る紫の実が美しい。名はムラサキシキブに似るが、それより樹形が小型な事による。属名 Callicarpa はギリシャ語の callos（美しい）と carpos（果実）の合成語で、美しい実の意味。実の白いものをシロシキブという。ムラサキシキブは、花、実共に紫で、色から『源氏物語』を書いた紫式部になぞらえて名づけられたと言われる。別名のコシキブは紫式部に対して、女流歌人小式部内侍(こしきぶのないし)に基づくという。

- ●花の色：●
- ●科　名：シソ科（クマツヅラ科）
- ●別　名：コシキブ、コムラサキシキブ
- ●漢字表記：小紫
- ●分　布：日本、朝鮮半島、中国、台湾
- ●分　類：落葉低木

花期
1
2
3
4
5
6
7
8
9
10
11
12

弓状に伸びた枝に紫色の実がつく

雄しべと雌しべが花冠から突き出る

白い実がなるシロシキブ

- 花言葉：困難に打ち勝つ、ひたむきさ
- 季　語：冬

サザンカ
Camellia sasanqua

秋・冬

日本特産で庭木、生垣などに植えられるが、自生地は本来暖地で、山口県萩市が北限とされている。名は、中国のツバキ類を指す山茶に由来し、山茶花の読みの「サンサンクワ」が転化したもの。中国ではサザンカの漢名は茶梅花である。種小名は sasanqua。鹿児島、宮崎県では新芽を茶にしたり、香袋をつくったという。実から絞った油はツバキ油と同様に上質で、化粧品、整髪料などに使う。ツバキと交配し多くの品種がある。

- 花の色：●●○
- 科　名：ツバキ科
- 別　名：ヒメツバキ
- 漢字表記：山茶花
- 分　布：日本
- 分　類：常緑小高木

日本特産種。晩秋から冬を彩る花木

立ち寒椿の名で知られる、カンツバキ'勘次郎'

'田子の月'

花期
1
2
3
4
5
6
7
8
9
10
11
12

265

セイヨウヒイラギ

Ilex aquifolium

秋・冬

- ●花言葉：護衛、私を守ってください、神を信じます、予見
- ●季　語：なし

キリスト教では、この木の棘のある葉で作ったリースをキリストが十字架にかけられた時のイバラの冠、赤い実をキリストの血、白い花はキリストの誕生、苦い木の皮はキリストの受難を象徴するという。クリスマスの飾りに使われるのでクリスマスホーリーの名がある。葉の形がヒイラギに似るのでセイヨウヒイラギの別名がある。ヒイラギの名がついているが、本種はヒイラギ科のヒイラギとは別種。セイヨウヒイラギはモチノキ科。

- ●花の色：○
- ●科　名：モチノキ科
- ●別　名：クリスマスホーリー
- ●漢字表記：西洋柊
- ●分　布：ヨーロッパ西、南部、アジア南西部、アフリカ北西部
- ●分　類：常緑小高木。雌雄異株

花期: 5

クリスマスの飾りに欠かせない木

斑入り葉種

'ゴールドキング'の雌花

センリョウ

Sarcandra glabra

秋・冬

- ●花言葉：可憐、富貴、裕福、利益、恵まれた才能
- ●季　語：冬（実）

名前から正月の富を願う縁起物として、マンリョウと共に鉢植えや切花で使用される。このような縁起植物は神の依代(よりしろ)として、冬も青々とした常緑樹が多い。花は目立たないが秋の赤い実が目立つ。江戸時代の園芸書『花壇地錦抄(かだんじきんしょう)』（1695年）には「仙蓼」と書かれ、元から「千両」ではなかった。センリョウはセンリョウ科で実が葉の上につき、マンリョウはマンリョウ科で実が葉の下にぶら下がってつき、植物の類縁はない。

- ●花の色：🟡
- ●科　名：センリョウ科
- ●別　名：センリョウケ、クササンゴ
- ●漢字表記：千両、仙蓼
- ●分　布：日本、東アジアからインド
- ●分　類：常緑小低木

名前から正月の縁起木にされる

黄色の実をつけるキミノセンリョウ

黄緑色の粒のような花は、花弁も萼片(がくへん)もない

花期：7、8

267

秋・冬

チャ
Camellia sinensis

- ●花言葉：追憶、純愛
- ●季　語：冬

チャは最初、遣隋使、遣唐使が持ち帰ったといわれ、天平年間（729〜749年）に僧の行基が諸国49の堂舎に植えたと『東大寺要録』にある。宇治茶など現代のチャは、臨済宗の開祖栄西禅師が1191年、宋から持ち帰った種を平戸島、佐賀県背振山で栽培したものを明恵上人が京都に移したのが始まりという。栄西禅師は『喫茶養生記』を著し、宋で発展した抹茶を広め、茶道の基をつくった。紅茶やウーロン茶は製法の違いで、緑茶同様チャの葉を使う。

- ●花の色：○
- ●科　名：ツバキ科
- ●別　名：チャノキ
- ●漢字表記：茶
- ●分　布：日本、中国
- ●分　類：常緑低木

花期
1
2
3
4
5
6
7
8
9
10
11
12

下向きに咲く白い花が愛らしい

ベニバナチャ

八十八夜の茶摘み風景は夏の風物詩

268

- ●花言葉：私の愛は増すばかり、よい家庭
- ●季　語：夏（花）、冬（実）

ナンテン
Nandina domestica

秋・冬

名は漢名の南天燭、南天竹の省略。ナンテンは「難を転じて福とする」の意味で、縁起植物として庭に植えられる。白実の品種もあり、赤実のものと植栽すると紅白で楽しめる。小型で紅葉が美しいオカメナンテン（オタフクナンテン）をよく見かける。祝い事や、快気祝いの赤飯などに葉が添えられる。江戸時代に鉢植えにして、葉の変化や葉の色を鑑賞する琴糸南天（錦糸南天）が流行った。実にアルカロイド類を含み、咳止めの薬にする。

- ●花の色：○
- ●科　名：メギ科
- ●別　名：ナンテンショク、ナンテンチク
- ●漢字表記：南天
- ●分　布：中国
- ●分　類：常緑低木

「難を転ずる」縁起のよい木

実が黄白色のシロミナンテン

白い花は幹の先に房になって咲く

花期: 6, 7

秋・冬

ハギ
Lespedeza

● 花言葉：思案、思い、柔軟な精神
● 季　語：秋

秋の七種(ななくさ)の一つ。ハギはヤマハギ、ミヤギノハギ、マルバハギ、シロハギなどの総称。ミヤギノハギは野生しない。名は、生芽(はえぎ)が語源で、毎年春に古い株から芽を出すことを意味したもの。秋の花の代表で萩と書き、これは日本で作られた漢字。『万葉集』でハギは142首歌われ、草木の中で一番多い。「わが屋前(やど)の芽子(はぎ)の花さけり見に来ませ今二日ばかりあらば散りなむ」(巫部麻蘇娘子(かむなぎべのまそのおとめ))と、あることから観賞はもちろん、栽培もされている。

● 花の色：●●○
● 科　名：マメ科
● 別　名：シカナキグサ、ハツミソウ
● 漢字表記：萩
● 分　布：日本
● 分　類：落葉低木

花期
1
2
3
4
5
6
7
8
9
10
11
12

最も多く植えられるミヤギノハギ

ソメワケハギ'江戸絞り'

白色の花を咲かせるシロバナハギ

270

- 花言葉：先見の明、歓迎、用心、剛直
- 季　語：冬

ヒイラギ
Osmanthus heterophyllus

秋・冬

葉の縁が鋭いトゲになっていて、触れるとヒリヒリと痛み、疼ぐことから疼木という。若木の時は葉の縁が鋭いトゲのように尖っているが、老木になるとトゲがなくなり丸くなる。古来、邪気を払う木とされ、家の表門にヒイラギを、裏門にはナンテンを植える。葉のトゲで鬼を追い払った伝説から、節分の日にイワシの頭を枝に刺して、魔除けにする風習がある。クリスマスの飾りにするセイヨウヒイラギは、モチノキ科で別種である。

- 花の色：○
- 科　名：モクセイ科
- 別　名：オニオドシ、ホーリー・オリーブ
- 漢字表記：柊、疼木、柊木
- 分　布：日本、台湾
- 分　類：常緑小高木

節分に枝を飾って邪鬼を払った

白い花はよい香りをただよわせる

斑入り葉の五色ヒイラギ

花期: 10、11

271

ピラカンサ
Pyracantha

- 花言葉：慈悲、防衛、美しさはあなたの魅力、燃ゆる思い
- 季　語：秋

タチバナモドキ、ヒマラヤトキワサンザシ、トキワサンザシなどをよく見かけるが、この仲間を総称してピラカンサと呼んでいる。葉に光沢があり、枝が枝垂れるほどたわわに実をつけるので、生垣や庭木として広く栽培されている。トキワサンザシの近縁種のタチバナモドキは中国原産で黄色い実をつける。属名のPyracanthaはギリシャ語のpyro（炎）とacantha（刺）に因む。「朝の日のまづピラカンサ輝かす」今井千鶴子。

- 花の色：○
- 科　名：バラ科
- 別　名：トキワサンザシ、タチバナモドキ、ピラカンサス
- 分　布：ヨーロッパ、中国
- 分　類：常緑低木

実は年を越しても枝に残る

タチバナモドキの花

斑入り種 'ハーレクイン'

マツ
Pinus

秋・冬

- ●花言葉：不老長寿、同情、慈悲、向上心、勇敢、永遠の若さ
- ●季　語：春

「十かえりの松」というものがあって、百年に一度花が咲く。その花は通常のものと異なり紺色で大きな房状に咲き、見たものは百歳の長寿を得ると言う。権中納言為教の歌、「住吉の松も花咲く御代にあいて十かえり守れ敷島の道」が『続千載集』にある。松山城は築城の時、幕府に「何を植えればよいか」と伺いを立てたところ、幕府の沙汰の「待つがよかろう」を「松がよかろう」と聞き違えて、マツを植えたという逸話がある。

- ●花の色：🟢🟤
- ●科　名：マツ科
- ●漢字表記：松
- ●分　布：日本、中国、朝鮮半島
- ●分　類：常緑高木

オマツとも呼ばれるクロマツ

開花直前のクロマツの雄花

アカマツの斑入り品種'女蛇ノ目'

花期
1
2
3
4
5
6
7
8
9
10
11
12

273

秋・冬

マンサク
Hamamelis japonica

- ●花言葉：幸福の再来、霊感、ひらめき、神秘、直感
- ●季 語：春

この変わった名の由来は、ほかの花に先駆けて春一番に咲くので「まず咲く」から転化した説や、黄色いひも状の花を枝いっぱいにたくさんつけた年は豊年満作になるからなど、さまざま。粘りがあり強靭な樹皮をねじって縄の代用として、富山県五箇山や岐阜県白川郷の合掌造りの屋根材を縛ったり、カンジキなどにも使われる。花が色鮮やかで花期にも枯れた葉が落ちないシナマンサクや花が赤い園芸種もある。秋の紅葉も美しい。

- ●花の色：●●
- ●科　名：マンサク科
- ●別　名：キンロウバイ
- ●漢字表記：万作、満作
- ●分　布：日本
- ●分　類：落葉小高木

黄色いリボンのような花を多数つける

インターメディア'ダイアン'

インターメディア'アーノルドプロミス'

- ●花言葉：硬い誓い、慶祝
- ●季　語：冬

マンリョウ
Ardisia crenata

秋・冬

正月を飾る縁起植物のひとつ。庭に、センリョウ、マンリョウ、カラタチバナ（百両）、ヤブコウジ（十両）、アリドオシ（一両）を植えて、「千両、万両、百両、十両　有りどうし」と洒落る。古典植物として人気があり、江戸時代から葉に斑が入るものや白や黄色の実をつける園芸品種が多くつくられ、高価で取引された。武士世界ではマンリョウと金銭名で呼ぶことをはばかり、硃砂根といったそうだ。「万両は兎の眼もち赤きかな」加賀千代女。

- ●花の色：○
- ●科　名：ヤブコウジ科
- ●別　名：ヤブタチバナ、スサコン
- ●漢字表記：万両
- ●分　布：日本、アジア東南部
- ●分　類：常緑低木

正月の飾りにも使われる常緑樹

シロミノマンリョウ

うつむいて咲く'宝船'の花

花期
1
2
3
4
5
6
7
8
9
10
11
12

275

秋・冬

モミジ
Acer

- ●花言葉：節制、遠慮、自制、大切な思い出
- ●季　語：秋、春（楓の花・芽）、夏（楓若葉）

モミジはカエデともいう。モミジと呼ぶのは、イロハモミジ（イロハカエデ）、ヤマモミジ、オオモミジの3種で、他のモミジ類は全て「○○カエデ」という。百人一首の「奥山に紅葉踏み分けなく鹿のこゑ聞く時ぞ秋はかなしき」は猿丸大夫（さるまるだゆう）が詠んだとされているが、「古今和歌集」では読み人知らずとなっている。しかし、この紅葉はハギの紅葉という説もある。モミジと鹿は工芸品、着物、絵画などのモチーフで、花札の組み合わせにもなっている。

- ●花の色：●●
- ●科　名：ムクロジ科（カエデ科）
- ●別　名：カエデ
- ●漢字表記：紅葉
- ●分　布：日本、朝鮮半島、中国
- ●分　類：落葉高木

花期
1
2
3
4
5
6
7
8
9
10
11
12

ヤマモミジの紅葉

イロハモミジの花

枝が冬に赤く目立つ'珊瑚閣'

276

●花言葉：分別、親しみ、健康

●季　語：冬

ヤツデ
Fatsia japonica

秋・冬

日本ではトイレの近くや、薄暗い所に植えられ、陰気な雰囲気のある木だが、ヨーロッパでは冬にも青々とした葉が人気で、庭の主要樹木になっている。トイレの近くに植えられていたのは、葉がハエのうじ殺しに使われたから。「末広がりで縁起のいい」八からヤツデ（八手）の名がついたというが、実際には、偶数に裂けることはなく、3、5、7、9と奇数に裂ける。「天狗の羽団扇」とも呼ばれ、斑入りなどの園芸種もある。

●花の色：○
●科　名：ウコギ科
●別　名：テングノハウチワ
●漢字表記：八手
●分　布：日本
●分　類：常緑低木

白い5弁花が球状になって咲く

斑入り葉種の'紬絞り'

実は径5mmで翌年に黒く熟す

花期
1
2
3
4
5
6
7
8
9
10
11
12

秋・冬

ロウバイ
Chimonanthus praecox

- ●花言葉：先導、先見、慈愛、やさしい心
- ●季　語：冬

花が真冬に咲き、ウメに似た清らかな香りを漂わせる。名は漢名「蠟梅」の音読みで、花が蜜蝋（みつろう）細工のようで、臘月（ろうげつ）（旧暦の12月）に咲くからという。ロウバイは花の中心に茶色いしみのような模様があるが、最近はしみの無い、ソシンロウバイやその園芸種の満月ロウバイが多い。中国では画題に「歳寒二友（さいかんにゆう）」として梅と寒菊を配するが、黄色の花のロウバイと赤い実をつけるナンテンも「歳寒二友」として、庭に植えるそうだ。

- ●花の色：🟡
- ●科　名：ロウバイ科
- ●別　名：カラウメ、ナンキョウウメ、コウバイ
- ●漢字表記：蠟梅
- ●分　布：中国
- ●分　類：落葉低木

花期
1
2
3
4
5
6
7
8
9
10
11
12

冬枯れの庭によい香りを漂わせる

花全体が黄色のソシンロウバイ

初夏にミノムシのように実がぶら下がる

秋・冬

ローズマリー
Rosmarinus

- ●花言葉：思い出、記憶、追憶、私を思って、静かなチカラ強さ
- ●季　語：春

ローズマリーは英名で、属名のRosmarinus（海のしずくの意）が語源。ツンとした森林を思わせる爽やかな香りがある。聖母マリアがキリストの上着をこの木の上に干したので、上着と同じ青い花が咲くようになり、香気を授かったという。精油に老化防止の成分があり、若返りのハーブといわれ、ハンガリーの女王エリザベートは、ローズマリーを主成分とする「ハンガリー水」を使い、70歳を過ぎてポーランドの若い国王から求婚されたという。

- ●花の色：●●●○
- ●科　名：シソ科
- ●別　名：マンネンロウ
- ●分　布：地中海沿岸
- ●分　類：常緑低木

森林のような爽やかな香りが魅力

淡紫色の唇形花が葉のわきに多数つく

白花種

花期
1
2
3
4
5
6
7
8
9
10
11
12

秋・冬

イヌタデ
Persicaria longiseta

●花言葉：あなたのお役に立ちたい

●季　語：秋

初夏から秋まで長く咲き続けるが、稲刈り後に特に目立つようになる。名はタデ（ヤナギタデ、ホンタデ、マタデ）に似ているが、タデのように辛くなく、香辛料や刺身のつまなどに利用できないので、「イヌ」が頭についた。イヌは役に立たないとか劣るなど蔑称に使われることが多い。花びらのように見えるのは萼片（がくへん）。実に3個の角がある。別名のアカマンマは、子供がままごとの時に赤い果実を赤飯に見立てたことによる。まれに白花もある。

●花の色：●○
●科　名：タデ科
●別　名：アカマンマ
●漢字表記：犬蓼
●分　布：日本、中国、朝鮮半島、
　　　　　ヒマラヤ
●分　類：一年草

花期
1
2
3
4
5
6
7
8
9
10
11
12

アカマンマの愛称があるイヌタデ

白花種のシロバナイヌタデ

茎を包む筒形の葉鞘に長い剛毛がある

エノコログサ

Setaria viridis

秋・冬

- ●花言葉：遊び、愛嬌
- ●季　語：秋

道端などでよく見かけるが、秋の草姿は風情がある。普通エノコログサと思っているのはアキノエノコログサが多く、エノコログサは田畑近くでは少なく、市街地で多く見かける。エノコログサは穂が垂れないが、アキノエノコログサはやや大きく、穂が弓なりに垂れる。名は、穂が犬の尾に似ているので「犬っころ草」と呼ばれていたものが訛(なま)ったものという。別名のネコジャラシは、穂でネコをじゃれさせて遊ぶ事による。アワの原種といわれる。

- ●花の色：●
- ●科　名：イネ科
- ●別　名：ネコジャラシ
- ●漢字表記：狗尾草
- ●分　布：世界の温帯地
- ●分　類：一年草

英名は Fox-tail grass で「狐の尻尾」

穂が下垂するアキノエノコログサ

穂が金色になるキンエノコロ

花期：8、9、10、11

秋・冬

オミナエシ
Patrinia scabiosifolia

- 花言葉：約束を守る、永久、親切、優しさ、美人、心づくし、はかない恋
- 季 語：秋

山野に生えるが、盆花(ぼんばな)として栽培されている。名のオミナは女、エシは飯のことで、花が女の食べる粟飯に似ることによる。よく似て白い花を咲かせるものにオトコエシがある。謡曲『女郎花』に、「男山に住んだ小野頼風と言う男が都の美女と契りを交わすが、女を捨て郷に帰った。都の女が男を慕い男山に行くと、頼風は別の女と世帯を持っていた。頼風をうらみつつ、川に身を投じたその女を弔った墓から生えた花がオミナエシ」という唄がある。

- 花の色：🟡
- 科 名：オミナエシ科
- 別 名：オミナメシ、オモイグサ、アワバナ、ハイショウ
- 漢字表記：女郎花、敗醤
- 分 布：日本、中国、東シベリア
- 分 類：多年草

秋のしみじみとした風情がある花

筒状の花冠の先が5裂して開く

長い柄がある根生葉

カラスウリ

Trichosanthes cucumeroides

秋・冬

- ●花言葉：よき便り、誠実、男ぎらい
- ●季　語：夏（花）、秋（実）

林縁や生垣などにからまって生育するつる性植物。葉はハート形で縁は不規則に凸凹し、粗毛が生えている。夏の夜に花弁の先がレース編みのような繊細な白い花を咲かせる。雌株には楕円形の実がなり、秋に朱色に熟す。種子は黒く、形が大黒様や打ち出の小槌に似ているので縁起物として財布に入れる。また、昔の結び文にも似ているので、玉梓（たまずさ）という別名もある。玉梓は古代、文をアズサの枝に結んで運んだ事による。

- ●花の色：○
- ●科　名：ウリ科
- ●別　名：タマズサ、ツチウリ、キツネノマクラ、ヤマウリ
- ●漢字表記：烏瓜
- ●分　布：日本、中国
- ●分　類：つる性多年草

実は赤く熟して秋になるとよく目立つ

夕刻になるとレース状の花を開く

実は初め緑色で白いすじがある

花期：7, 8, 9

カワラナデシコ

Dianthus superbus var. longicalycinus

● 花言葉：大胆、可憐、貞節
● 季　語：秋

秋の七種の一つ。土手や川原などに生えるが、観賞用にも植えられている。日本原産のカワラナデシコを別名ヤマトナデシコといい、後に中国から来たセキチクをカラナデシコといった。『枕草子』に「草の花はなでしこ、唐のはさらなり、大和のものいとめでたし」とある。江戸時代には花弁が変化した風変わりな花を愛でることが流行した。現在も伊勢ナデシコとして残っている。東北以北には近似種のエゾカワラナデシコがある。

● 花の色：●○
● 科　名：ナデシコ科
● 別　名：ヤマトナデシコ、ナデシコ
● 漢字表記：河原撫子
● 分　布：日本、朝鮮半島、中国、台湾
● 分　類：多年草

単にナデシコとも呼ばれる

絞り咲きの園芸種'ほまれ'

イセナデシコ

秋・冬

キクイモ
Helianthus tuberosus

- ●花言葉：陰徳、美徳
- ●季　語：秋（花）

江戸時代末期に導入されたが、河川敷、道路脇などに野生化している。地下にできる塊茎はデンプンをほとんど含まず、腸内でフラクトオリゴ糖に変わるイヌリンを多く含む。血糖値改善、整腸作用があるとして注目されている。塊茎(かいけい)を煮物、味噌漬けなどにする。イヌリンは水に溶けやすいので水にさらさない方がよい。イヌキクイモと酷似するが、イヌキクイモは花期が8月末頃で塊茎ができない。キクイモは花期が9〜10月。

- ●花の色：🟡
- ●科　名：キク科
- ●別　名：アメリカイモ、カライモ、ブタイモ、サンチョーク、エルサレム・アーテチョーク
- ●漢字表記：菊芋
- ●分　布：北アメリカ
- ●分　類：多年草

秋の青空に黄色い花がよく生える

塊茎を漬物や煮物にして食べる

夏に開花するイヌキクイモの花

花期
1
2
3
4
5
6
7
8
9
10
11
12

285

秋・冬

キツネノカミソリ
Lycoris sanguinea

● 花言葉：悲しき思い出、情熱、独立、再会、あきらめ、恐怖、妖艶
● 季　語：夏

雑木林などに生えているほか、神社や寺の裏などでもよく見かける。春早く、根生する細長い葉が群がって出て、球根を太らせると夏に花茎が出る前に枯れる。お盆の頃、ややヒガンバナに似た朱赤色の花を開くが、ヒガンバナと違って花被片は反り返らない。名は、花色がキツネの毛色で、葉がカミソリに似ていることから。属名のリコリス（Lycoris）はギリシャ神話の海の女神 Lycoris による。種小名の sanguinea は血色の意味。有毒植物。

● 花の色：●
● 科　名：ヒガンバナ科
● 別　名：ハッカケバナ、ドクバナ
● 漢字表記：狐の剃刀
● 分　布：日本、朝鮮半島
● 分　類：球根植物

花期：8、9

ヒガンバナの仲間では最も早く咲く

花被片は反り返らない

直径 1.5cm ほどの扁球形の実を結ぶ

クズ
Pueraria lobata

秋・冬

- ●花言葉：活力、芯の強さ、治癒、恋のため息
- ●季　語：秋

秋の七種(ななくさ)の一つ。いたる所に生える厄介な雑草だが、薬用、食用、籠、布など生活用品に重要な植物。根は肥大して太い塊根(かいこん)になり、多量のデンプンを含む。根から葛粉を作るほか、干したものを葛根(かっこん)といい、漢方では解熱剤に用いる。薬効はあらたか（著しい）で、何でもかんでも葛根湯を与える医者を「葛根湯医者」といい、「藪医者」の代名詞にもなっていた。名は、大和国（奈良県）の国栖(くず)地方がクズの産地で有名な事による。

- ●花の色：●●
- ●科　名：マメ科
- ●別　名：クスカズラ、ウラミグサ
- ●漢字表記：葛
- ●分　布：日本、東〜東南アジア
- ●分　類：多年草

芳香のある蝶形花は長さ2cmと大形

葉は3枚の小葉からなる複葉

線形の長い実は褐色の毛に覆われる

花期：8、9

287

秋・冬

シュウメイギク
Anemone hupehensis var. japonica

- ●花言葉：忍耐、薄れゆく愛、多感な時
- ●季　語：秋

古い時代に渡来し、栽培もされるが人家近くの山野に自生もする帰化植物。名にキクとあるがキク科の植物ではなく、キンポウゲ科で秋咲きのアネモネの一種。花弁に見えるのはすべて萼片(がくへん)。京都の貴船で多く見られたので貴船菊(きぶねぎく)の別名がある。英名はジャパニーズ・アネモネ。最近はシュウメイギクとネパール原産のアネモネ・ビティフォリア〔A.vitifolia〕との交配園芸種、アネモネ・ヒブリダ〔A.×hybrida〕も多く売り出されている。

- ●花の色：● ○
- ●科　名：キンポウゲ科
- ●別　名：キブネギク、アキボタン
- ●漢字表記：秋明菊
- ●分　布：中国
- ●分　類：多年草

花期
1
2
3
4
5
6
7
8
9
10
11
12

庭や寺の境内などで見かける

シロバナシュウメイギク

園芸種の'ランジェ'

288

- ●花言葉：勢力、活力、生命力、心が通じる、隠退
- ●季　語：秋

ススキ
Miscanthus sinensis

秋・冬

秋の七種(ななくさ)の一つ。茅葺(かやぶき)屋根の材料用に、カヤ場を決めて栽培もしていた。良質のススキ原を維持するため、春に野焼きをする。箱根の仙石原、阿蘇山、奈良の若草山の野焼きが有名。中秋の名月の十五夜に、秋の収穫物と一緒に供えるのは、葉が細く刀のようなので収穫物を悪霊から守り、翌年の豊作を願う意味から。名のススは葉がすくすく育ち、キは春に萌えいずる「萌(き)」によるという。「山は暮れて野は黄昏の芒かな」与謝蕪村。

- ●花の色：●
- ●科　名：イネ科
- ●別　名：オバナ
- ●漢字表記：薄、芒
- ●分　布：日本
- ●分　類：多年草

日当たりのよい草地に群生する

小穂の基部に剛毛状の長い突起(芒(のぎ))がある

花期の穂。多くの枝が放射状に出る

花期
1
2
3
4
5
6
7
8
9
10
11
12

秋・冬

セイタカアワダチソウ
Solidago canadensis var. scabra

● 花言葉：元気、生命力
● 季　語：秋

明治時代末期に観賞用に導入されたが、野生化して道路の法面(のりめん)、休耕地などに群落する。根から他の植物の生育を阻害するアレロパシー物質を出して脅威的に繁茂する。しかし、年を経るにつれて、このアレロパシー物質で自家中毒を起こして衰退する。一時は秋の花粉症の元凶とされたが、この花は虫媒花で、花粉は飛ばないので濡れ衣は晴れた。ハギの代用として切花にしたり、乾燥した茎をすだれにしたので、別名代萩(だいはぎ)。

● 花の色：🟡
● 科　名：キク科
● 別　名：ダイハギ
● 漢字表記：背高泡立草
● 分　布：日本、北アメリカ
● 分　類：多年草

休耕田や川原などで多く見かける

花期
1
2
3
4
5
6
7
8
9
10
11
12

晩秋に芽生えてロゼット状で越冬する

花後に泡立つようになるのが名の由来

● 花言葉：謙譲、
　　　　 困難に傷つけられない
● 季　語：冬

ツワブキ
Farfugium japonicum

秋・冬

福島県以西の海岸に自生し、植栽もされ、多くの園芸品種がある。名は、フキに似た葉にツヤがあり、ツヤブキと呼ばれていたものが訛ってツワブキになった。若葉や若い茎をお浸しにして食べるほか、フキと同じように成長した茎をキャラブキ（煮しめ）にもする。葉に抗菌作用があり、民間では腫れ物、湿疹に使う。フキの茎は中が詰まっているが、ツヤブキは中空。「いくたびか時雨のあめのかかりたる石蕗の花もつひに終わりぬ」斉藤茂吉。

● 花の色：🟡⚪
● 科　名：キク科
● 別　名：ツヤブキ、イシブキ
● 漢字表記：石蕗
● 分　布：日本、朝鮮半島、中国、台湾
● 分　類：常緑多年草

花が美しいので庭にも植えられる

白花の園芸種

腎円形の葉は常緑で光沢がある

花期
1
2
3
4
5
6
7
8
9
10
11
12

ハコベ

Stellaria

秋・冬

● 花言葉：愛らしい、ランデブー、追想
● 季　語：春

春の七草の一つ。名にハコベとつく植物は多いが、人家近くに生えるものは、コハコベ、ミドリハコベ、ウシハコベが多い。区別はコハコベの茎は茶色がかる。ミドリハコベは茎が緑色。コハコベ、ミドリハコベの雌しべの先は3裂するが、ウシハコベは5裂して別属。ハコベの仲間は花弁が5枚だが、いずれも花弁の先が深く裂けるので、一見すると10枚に見える。山菜として粥などに入れて食べるが、あまり美味しいようには思えない。

● 花の色：○
● 科　名：ナデシコ科
● 別　名：ハコベラ、アサシラゲ
● 漢字表記：繁縷、蘩蔞
● 分　布：日本
● 分　類：越年草

花期: 3, 4, 5

名は古名のハコベラの略称という説がある

花柱が5本ある大形のウシハコベ

コハコベ。花弁が深く避けて10枚に見える

- 花言葉：独立、情熱、再開、あきらめ、悲しい思い出
- 季　語：秋

ヒガンバナ
Lycoris radiata

秋・冬

稲作と共に中国から伝来したという。有毒植物で田や畑、墓地を荒らす動物や昆虫を寄せ付けないよう人為的に植えられたので、人家近くの田畑の畦や堤防、墓地などで多く見かける。秋の彼岸の頃に咲くのが名の由来。別名、死人花、地獄花、幽霊花など不吉な名が多いが、天上に咲く赤い花の意味の曼珠沙華（まんじゅしゃげ）ともいう。日本のものは全て遺伝子が同じなので、一株が全国にひろまったという。結実せず、地下の鱗茎（りんけい）でふえる。

- 花の色：●○
- 科　名：ヒガンバナ科
- 別　名：マンジュシャゲ、シビトバナ、ジゴクバナ
- 漢字表記：彼岸花
- 分　布：日本、中国
- 分　類：球根植物

名の通り秋の彼岸頃に咲く

シロバナマンジュシャゲ

葉は花後に出て冬を越し、夏に枯れる

花期
1
2
3
4
5
6
7
8
9
10
11
12

フクジュソウ

Adonis ramosa

- ●花言葉：永久の幸福、思いで、幸福を招く、祝福
- ●季　語：冬

小林一茶はフクジュソウを庭に植え、黄金色の花が咲くと期待していたのに白い花が咲き、花までも貧乏を馬鹿にすると怒り、貧乏草と名づけた。正岡子規は貧乏草でもあればいいと「福寿草貧乏草もあらまほし」と詠んだ。アイヌ伝説に、父神は娘（絶世の美人の女神クナウ）の婿に地中の神モグラを決めた。クナウはモグラの神を嫌い嫁ごうとしなかったので、父神は怒り、クナウを神の世界から追い出し野の花フクジュソウにしたとある。

- ●花の色：●●●●○
- ●科　名：キンポウゲ科
- ●別　名：ガンジツソウ、ツイタチソウ、ショウガツソウ
- ●漢字表記：福寿草
- ●分　布：日本
- ●分　類：多年草

古くから正月の寄せ植え材料にされる

黄、緑、黄と3段に咲く'三段咲き'

花後、葉が茂り実を結んで初夏には枯れる

ホトトギス
Tricyrtis

秋・冬

- ●花言葉：秘めた恋、永遠にあなたのもの、永遠の若さ
- ●季　語：秋

日陰の山野や崖地に生え、日本には17種ほどが野生しているほか、庭や鉢でも栽培されている。名は、花が野鳥のホトトギスの胸の羽に似ていることによる。庭などで多く見かけるのはホトトギスとタイワンホトトギス。ホトトギスは花が葉のわきにつくが、タイワンホトトギスは茎頂に枝分かれした花枝を出し、その先に花を咲かせる。「ほととぎすあすはあの山こえて行こう」は種田山頭火の遺稿集『あの山こえて』の書名のもととなった句。

- ●花の色：●○○
- ●科　名：ユリ科
- ●別　名：ユテンソウ
- ●漢字表記：杜鵑草、時鳥草
- ●分　布：日本、朝鮮半島、台湾
- ●分　類：多年草

葉のわきに上向きに花を開く

茎の上部で咲くタイワンホトトギス

下向きに咲く相模ジョウロウホトトギス

花期：9, 10, 11

秋・冬

ユキノシタ
Saxifraga stolonifera

- 花言葉：恋心、愛情、好感、切実な愛情、軽口、無駄
- 季　語：夏

花は咲くが種子はできず、ランナー（匍匐枝(ほふくし)）を出して、その先に子株を作ってふえる。花は上の3弁が短く下の2弁が長い。漢名の虎耳草(こじそう)は、葉が円形で葉脈が縞のように見え、全体に粗い毛が生えていることによると思われる。ユキノシタの名は、常緑で雪の下でも育つことによるといわれるが、下がった2弁の花弁を舌にみたてて「雪の舌」という説もある。解熱、解毒、咳止めなどに使う。天ぷらにして食べるとモチモチして美味。

- 花の色：○
- 科　名：ユキノシタ科
- 別　名：コジソウ
- 漢字表記：雪ノ下
- 分　布：日本、朝鮮半島、中国
- 分　類：常緑多年草

花期：5、6、7

湿った場所や庭などでよく見かける

花弁は上の3枚が小さく下の2枚が大きい

白斑の入った葉

◉花言葉：従順、女性の愛情、
　　　　　隠れた美しさ
◉季　語：春

ヨメナ
Aster yomena

秋・冬

田の畦や道端に生える野菊の代表。本州中部以西に多く、関東以北にはカントウヨメナが多い。『万葉集』の「春日野に煙立つ見ゆ娘子らし春野のうはぎ摘みて煮らしも」の「うはぎ」はヨメナとされている。若芽は美味で、嫁菜飯やお浸し、和え物にして春を楽しむが、万葉時代から食用にされていたことがわかる。花がかわいく、葉が柔らかいので「嫁菜」といい、それに対して花が白く、大きくなるシラヤマギクを別名「婿菜」と呼ぶ。

- ◉花の色：●
- ◉科　名：キク科
- ◉別　名：オハギ、ウハギ
- ◉漢字表記：嫁菜
- ◉分　布：日本
- ◉分　類：多年草

茎の先に3cmほどの花が1つ咲く

若葉は昔から山菜として利用されてきた

婿菜と呼ばれるシラヤマギク

花期
1
2
3
4
5
6
7
8
9
10
11
12

297

秋・冬

リンドウ
Gentiana

- 花言葉：あなたの悲しみに寄り添う、勝利を確信する。誠実、正義
- 季　語：秋

多くの園芸種が出回り、花壇や鉢に植えられているのでよく見かける。名は、根が猛烈に苦く、おそらく竜の胆の味ではないかと想像して付けられた、中国名の竜胆（りゅうたん）の音読みが転化したもの。根を健胃、消炎、鎮静薬にする。日光の二荒神社の『二荒縁起（ふたらえんぎ）』に、修行僧、役小角（えんのおずぬ）が日光の山中でリンドウの根を掘るウサギに理由を問うと、ウサギは「病気のご主人様にのませるため」と答えたのを聞き、その薬効を知ったとある。

- 花の色：●●●○
- 科　名：リンドウ科
- 別　名：エヤミグサ
- 漢字表記：竜胆
- 分　布：日本、中国
- 分　類：多年草

霜枯れの野に咲く風情が愛される

ピンクの花の'メルヘンアシロ'

青と白の2色が美しい'心美白寿'

ワレモコウ
Sanguisorba officinalis

秋・冬

- ●花言葉：愛慕、変化、物思い、感謝、移ろい行く日々
- ●季　語：秋

山野に自生するが、植栽もされている。最近、庭植えや切花用に品種改良されたピンクや白花、矮性種なども見かける。名は諸説あるが、根がインド産のキク科の植物木香に似るので日本の木香という意味の「和木香」が訛ったという説がある。中国名また生薬名を地楡といい、根にタンニン、サポニンを含み止血、火傷などに使用する。サラダバーネットと呼ばれるオランダワレモコウは、ハーブとして栽培され、若葉を食用にする。

- ●花の色：●●○
- ●科　名：バラ科
- ●別　名：ダンゴバナ
- ●漢字表記：吾木香、吾亦紅
- ●分　布：日本、朝鮮半島、中国、シベリア、ヨーロッパ
- ●分　類：多年草

穂につく小さな花は萼片だけのアズキ色

羽状複葉の葉にスイカに似た芳香がある

若葉を食用にするオランダワレモコウ

花期 1 2 3 4 5 6 7 8 9 10 11 12

299

さくいん

●——太字は各ページのタイトル種、細字は別名などです。

【ア】
アイスランドポピー	10
アオキ	256
アオギリ	173
アカカガチ	161
アカツメクサ	215
赤花ミツマタ	90
アガパンサス	124
アカマツ	273
アカマンマ	280
アキザクラ	246
アキノエノコログサ	281
アキレア	125
アキレギア	148
アケビ	257
アゲラタム	126
アサガオ	127
アジサイ	174
アジュガ	128
アスター	129
アセビ	49
アネモネ	11
アブラナ	118
アフリカンマリーゴールド	165
アベリア	175
アマドコロ	97
アメランチャ	71
アメリカオニアザミ	119
アメリカザイフリボク	71
アメリカシャクナゲ	56
アメリカデイゴ	176
アメリカノウゼンカズラ	206
アメリカヒトツバタゴ	85
アメリカフヨウ	130
アメリカヤマゴボウ	240
アメリカヤマボウシ	82
アヤメ	98
アラセイトウ	32
アリウム	12
アルストロメリア	13
アルメリア	14
アロエ	242
アンズ	50

【イ】
イイギリ	258
イセナデシコ	284
イチイ	51
イチハツ	15
イチョウ	259
イヌキクイモ	285
イヌタデ	280
イヌツゲ	177
イヌノフグリ	100
イフェイオン	41
イモカタバミ	239
イロハモミジ	276
イングリッシュラベンダー	169
インパチェンス	131

【ウ】
ウインターコスモス	243
ウシハコベ	292
ウツギ	178
ウノハナ	178
ウメ	52
ウメモドキ	260
羽毛ケイトウ	140
ウラミグサ	287
ウルイ	222
ウンナンオウバイ	55

【エ】
エゴノキ	53
エゾギク	129
エゾミソハギ	238
エニシダ	54
エノコログサ	281
エノテラ	233
エラチオール・ベゴニア	254
エリカ	261
エンジェルストランペット	179

【オ】
オイランソウ	132
オウバイ	55
オオアラセイトウ	99
オオイヌノフグリ	100
オオキンケイギク	216
オオケタデ	217
オオデマリ	180
オオバコ	101
オオハンゴンソウ	171
オオブタクサ	234
オオマツユキソウ	33
オオマツヨイグサ	236
オオヤエクチナシ	187
オシロイバナ	133
オトメギキョウ	21
オトメユリ	168
オバナ	289
オミナエシ	282
オランダアヤメ	35
オランダガラシ	106
オランダワレモコウ	299
オリーブ	181

【カ】
ガーデニア	187
ガーデンシクラメン	248
カーネーション	18
ガーベラ	19
カイコウズ	176
ガウラ	134
カエデ	276
カオバナ	232
ガガイモ	218
カガリビバナ	248
カキツバタ	102
カザグルマ	188
ガザニア	16
カスミソウ	17
カスミノキ	196
カタバミ	219
カッコウアザミ	126
ガマ	220
ガマズミ	262
カメリア	76
カラスウリ	283
カラスノエンドウ	103
ガランサス	250
カリステモン	182
カルーナ	261
カルセオラリア	20
カルミア	56
カレンデュラ	23
カロライナジャスミン	57
カワズザクラ	64
カワラナデシコ	284
カンツバキ	265
カンナ	135
カンパニュラ	21
ガンライコウ	251

【キ】
キキョウ	136
キク	244
キクイモ	285
キショウブ	221
キダチアロエ	242
キダチチョウセンアサガオ	179
キダチロカイ	242
キツネノカミソリ	286
キツネノテブクロ	25
キブネギク	288
ギボウシ	222
キミノガマズミ	262
キミノセンリョウ	267
キャラボク	51

300

球根ベゴニア	254	コヒルガオ	232	ショウキズイセン	170
キュウリグサ	104	コブシ	63	**ショウブ**	224
キョウチクトウ	183	**コムラサキ**	264	ショカツサイ	99
ギョリュウ	184	コモチマンネングサ	237	シラカバ	72
キランソウ	105	コリウス	141	シラヤマギク	297
キリ	185	【サ】		**シラン**	110
キンエノコロ	281	**サカキ**	189	**シロシキブ**	264
キンギョソウ	22	相模ジョウロウホトトギス	295	**シロツメクサ**	111
キンギンカ	195	**サクラ**	64	シロバナアカツメクサ	215
キングサリ	58	**ザクロ**	190	シロバナアヤメ	98
キンケイギク	216	**サザンカ**	265	シロバナイヌタデ	280
キンシバイ	208	サツキツツジ	75	シロバナシモツケ	193
キンセンカ	23	サラサモクレン	91	シロバナシュウカイドウ	249
キンチャクソウ	20	**サルスベリ**	191	シロバナシュウメイギク	288
ギンナン	259	サルビア	144	シロバナシラン	110
キンポウジュ	182	サルビア・スプレンデンス	144	シロバナタンポポ	115
キンモクセイ	263	サンゴシトウ	176	シロバナハギ	270
ギンモクセイ	263	**サンゴジュ**	192	シロバナハナズオウ	81
ギンヨウアカシア	59	サンシキスミレ	253	シロバナヒメオドリコソウ	121
キンランジソ	141	**サンシュユ**	65	シロバナマンジュシャゲ	293
キンレンカ	137	**サンショウ**	66	シロミナンテン	269
【ク】		サンチョーク	285	シロミノマンリョウ	275
クサキョウチクトウ	132	サンパチェンス	131	シロヤマブキ	93
クサボケ	88	サンフラワー	156	**ジンチョウゲ**	73
クジャクアスター	143	【シ】		【ス】	
クズ	287	シオン	247	**スイートアリッサム**	30
クスノキ	186	ジギタリス	25	**スイートピー**	31
クチナシ	187	シキミ	67	**スイカズラ**	195
グラジオラス	138	シクラメン	248	水晶ザクロ	190
クリスマスホーリー	266	シジミバナ	94	**スイセン**	29
クリスマスローズ	245	シダレモモ	92	**スイセンノウ**	145
クレオメ	139	**シダレヤナギ**	68	スイフヨウ	210
クレソン	106	シナレンギョウ	96	**スイレン**	146
クレマチス	188	ジニア	157	スギナ	112
クローバー	111	**シバザクラ**	26	**ススキ**	289
クロッカス	24	シブソフィラ	17	**スズラン**	39
クロマツ	273	シモクレン	91	スズランエリカ	261
グロリオサ・デージー	171	シモツケ	193	**ストケシア**	147
【ケ】		ジャーマンアイリス	28	**ストック**	32
ケイトウ	140	シャガ	108	スナップ・ドラゴン	22
ゲッケイジュ	60	**シャクナゲ**	69	**スノードロップ**	250
ケムリノキ	196	**シャクヤク**	27	**スノーフレーク**	33
ケヤキ	61	シャスターデージー	142	**スベリヒユ**	225
ゲンゲ	107	ジャノメエリカ	261	**スミレ**	113
ゲンノショウコ	223	シャラノキ	202	スモークツリー	196
【コ】		シャリンバイ	70	【セ】	
コウテイダリア	152	**シュウカイドウ**	249	**セイタカアワダチソウ**	290
ゴールデンチェーン	58	**シュウメイギク**	288	セイヨウアサガオ	127
五色ヒイラギ	271	ジュウヤク	229	セイヨウアブラナ	118
コシキブ	264	ジューンベリー	71	**セイヨウオダマキ**	148
コショウバイ	260	**宿根アスター**	143	セイヨウカラシナ	118
コスモス	246	宿根カスミソウ	17	セイヨウサクラソウ	44
コデマリ	62	シュロ	194	セイヨウシャクナゲ	69
コハコベ	292	**シュンラン**	109	セイヨウジュウニヒトエ	128

301

セイヨウタンポポ	115	デイリリー	159	ハクチョウソウ	134
セイヨウツゲ	74	**デージー**	37	ハグマノキ	196
セイヨウトチノキ	201	テツドウグサ	231	ハクモクレン	91
セイヨウノコギリソウ	125	**デルフィニウム**	**38**	**ハゲイトウ**	251
セイヨウヒイラギ	266	デロスペルマ	150	ハコネウツギ	207
セインテッドゼラニウム	34	テンジクアオイ	34	ハコベ	292
セダム	237	【ト】		ハコベラ	292
ゼニアオイ	226	ドイツアヤメ	28	**バショウ**	153
ゼラニウム	**34**	ドイツスズラン	39	ハス	154
センジュギク	165	トウジュロ	194	パッションフラワー	200
センニチコウ	149	**ドウダンツツジ**	77	パッションフルーツ	200
センニチソウ	149	トネズミモチ	204	ハツユキカズラ	199
センリョウ	267	トキワサンザシ	272	ハトノキ	84
【ソ】		**ドクダミ**	229	ハナイバナ	104
ソシンロウバイ	278	**トケイソウ**	200	**ハナショウブ**	155
ソテツ	197	トサミズキ	86	ハナズオウ	81
ソメワケハギ	270	**トチノキ**	201	ハナスベリヒユ	162
【タ】		ドラセナ	203	ハナゾノツクバネウツギ	175
耐寒マツバギク	150	トランペット・ヴァイン	206	**ハナニラ**	41
タイサンボク	198	【ナ】		**ハナミズキ**	82
タイワンホトトギス	295	ナガミヒナゲシ	116	**ハボタン**	252
タケニグサ	227	ナスタチウム	137	**バラ**	83
タチアオイ	151	ナズナ	117	ハリエンジュ	78
タチツボスミレ	113	ナツズイセン	170	**ハルジオン**	120
タチバナモドキ	272	**ナツツバキ**	202	ハンカチノキ	84
ダッチアイリス	**35**	ナデシコ	284	**パンジー**	253
タニウツギ	207	**ナノハナ**	118	ハンテンボク	214
タネツケバナ	114	ナルコユリ	97	【ヒ】	
ダビデア	84	ナンジャモンジャ	85、186	**ヒアシンス**	**42**
タマツバキ	204	**ナンテン**	269	ヒース	261
ダリア	152	【ニ】		**ヒイラギ**	271
タンポポ	115	ニオイシュロラン	203	**ビオラ**	253
【チ】		ニセアカシア	78	**ヒガンバナ**	293
チドリソウ	38	ニホンズイセン	29	ヒゴロモソウ	144
チャ	268	ニンドウ	195	ヒサカキ	189
チャワンバス	154	【ネ】		ヒツジグサ	146
チャンバギク	227	ネコジャラシ	281	**ヒデリグサ**	225
中国シャガ	108	ネコヤナギ	79	ビデンス	243
チューリップ	**36**	ネジバナ	230	ヒトツバタゴ	85
チューリップツリー	214	ネズミモチ	204	**ヒナギク**	37
チョウセンレンギョウ	96	熱帯スイレン	146	**ヒナゲシ**	**43**
【ツ】		ネムノキ	205	**ヒマワリ**	156
ツキミソウ	233	ネモフィラ	**40**	ヒメオキ	256
ツクシ	112	【ノ】		ヒメオドリコソウ	121
ツクシシャクナゲ	69	ノアザミ	119	ヒメガマ	220
ツクバネアサガオ	158	ノイバラ	80	ヒメキンギョソウ	47
ツゲ	74	ノウゼンカズラ	206	ヒメサザリ	168
ツツジ	75	ノウゼンハレン	137	ヒメシャガ	108
ツバキ	76	ノハラアザミ	119	**ヒメジョオン**	231
ツユクサ	228	ノボリフジ	172	ヒメスイレン	146
ツルマンネングサ	237	【ハ】		ヒメライラック	95
ツワブキ	291	ハイドランジア	174	**ヒャクジツコウ**	191
【テ】		パイナップルセージ	144	**ヒャクニチソウ**	157
テイカカズラ	199	ハギ	270	ヒュウガミズキ	86

ビヨウヤナギ	208	ポピー	43	ヤブツバキ	76
ピラカンサ	272	ホリホック	151	ヤマザクラ	64
ピラカンサス	272	**【マ】**		ヤマツツジ	75
ヒラドツツジ	75	**マーガレット**	255	ヤマトナデシコ	284
ヒルガオ	232	マグノリア	91	**ヤマブキ**	**93**
ヒルザキツキミソウ	233	**マツ**	273	ヤマフジ	87
ピンクネコヤナギ	79	**マツバギク**	163	**ヤマボウシ**	212
ビンボウグサ	120	**マツバボタン**	164	ヤマモミジ	276
【フ】		マツユキソウ	250	**ヤマモモ**	**213**
フウチョウソウ	139	**マツヨイグサ**	236	ヤマユリ	168
フウリンソウ	21	マドンナリリー	168	ヤロー	125
フキ	122	**マリーゴールド**	165	**【ユ】**	
フキノトウ	122	**マンサク**	274	ユキツバキ	76
フクジュソウ	294	マンジュギク	165	**ユキノシタ**	296
フサアカシア	59	マンジュシャゲ	293	**ユキヤナギ**	**94**
フサフジウツギ	209	**マンネングサ**	237	ユリ	168
フジ	**87**	マンネンロウ	279	**ユリノキ**	214
ブタクサ	234	**マンリョウ**	275	**【ヨ】**	
ブッドレア	209	**【ミ】**		ヨイマチグサ	236
ブッドレヤ	209	ミコシグサ	223	**ヨウシュヤマゴボウ**	240
冬ボタン	89	**ミソハギ**	238	ヨーロッパシラカバ	72
フヨウ	210	**ミツマタ**	**90**	**ヨメナ**	297
ブラシノキ	182	ミモザ	59	**【ラ】**	
フランネルソウ	145	ミヤギノハギ	270	**ライラック**	**95**
プリムラ	**44**	**【ム】**		ラッセルルピナス	172
ブルーサルビア	144	**ムクゲ**	211	**ラベンダー**	169
ブルグマンシア	179	ムスカリ	45	**【リ】**	
【ヘ】		**ムラサキカタバミ**	239	**リコリス**	170
ベイ	60	ムラサキツメクサ	215	**リナリア**	47
ベゴニア	254	**ムラサキツユクサ**	166	リリー	168
ベゴニア・センパフローレンス	254	ムラサキハシドイ	95	**リンドウ**	298
ペチュニア	158	ムラサキハナナ	99	**【ル】**	
ベニサラサドウダン	77	**【メ】**		**ルドベキア**	171
ベニバナアセビ	49	メキシコマンネングサ	237	**ルピナス**	172
ベニバナエゴノキ	53	メマツヨイグサ	236	**【レ】**	
ベニバナシャリンバイ	70	**【モ】**		レースラベンダー	169
ベニバナチャ	268	モクシュンギク	255	レッドクローバー	215
ベニバナトチノキ	201	**モクレン**	91	**レンギョウ**	**96**
紅花ナツツバキ	202	モジズリ	230	レンゲソウ	107
ヘメロカリス	159	モスフロックス	26	レンコン	154
ヘレボルス	245	**モミジ**	**276**	**【ロ】**	
ペンペングサ	117	**モミジアオイ**	167	**ロウバイ**	278
【ホ】		**モモ**	**92**	ローズ	83
ホウセンカ	160	モモイロヒルザキツキミソウ	233	**ローズマリー**	279
ホオズキ	161	モモバギキョウ	21	ローレル	60
ホオベニエニシダ	54	**【ヤ】**		ロニセラ	195
ポーチュラカ	162	八重黄モッコウバラ	83	**ロベリア**	**48**
ホーリー・オリーブ	271	ヤエドクダミ	229	**【ワ】**	
ホクロ	109	ヤエヤマブキ	93	ワジュロ	194
ボケ	**88**	**ヤグルマギク**	46	**ワレモコウ**	299
ホスタ	222	ヤグルマソウ	46		
ホタルブクロ	235	**ヤツデ**	277		
ボタン	**89**	ヤハズエンドウ	103		
ホトトギス	295	ヤブカンゾウ	159		

● 著者紹介

金田洋一郎（かねだ・よういちろう）

滋賀県出身。日本大学芸術学部写真科卒。フィルムライブラリー（株）アルスフォト企画を立ち上げ、植物を中心としたネイチャーフォト撮影活動に従事し、多数の出版物、印刷物に写真を提供。光と影を自在にあやつり、ほのかに匂う花の香りや草の露の甘さまでも写し取る作品には定評がある。著書に『散歩道の木と花』（講談社）、『季節・生育地でひける 野草・雑草の事典 530 種』、『色・季節でひける 花の事典 820 種』、『持ち歩き！花の事典 970 種』、『花と木の名前事典』（以上西東社）、『新ヤマケイポケットガイド⑪ 庭木・街路樹』（山と渓谷社）、などのほか、花の写真の撮り方の解説書などもある。

企画編集：藤山敬吾（グレイスランド）
写真協力：金田 一（アルスフォト企画）
カバー＆本文デザイン：下川雅敏（クリエイティブハウス・トマト）
イラスト：竹口睦郁
DTP制作：葛西秀昭

散歩で見かける草木花の雑学図鑑

2014 年 7 月 11 日　初版第一刷発行

著　者	金田洋一郎（かねだ ようい ちろう）
発行者	村山秀夫
発行所	株式会社実業之日本社
	〒104-8233 東京都中央区京橋 3-7-5 京橋スクエア
	電話　03-3562-1967（編集部）　03-3535-4441（販売部）
	http//www.j-n.co.jp/
印刷所	大日本印刷株式会社
製本所	株式会社ブックアート

©Youichirou Kaneda 2014　Printed in Japan　ISBN978-4-408-33309-0

落丁・乱丁の場合はお取り換え致します。（編集企画第二）
実業之日本社のプライバシーポリシー（個人情報の取り扱い）は上記アドレスのホームページをご覧ください。
本書の一部あるいは全部を無断で複写・複製（コピー、スキャン、デジタル化等）・転載することは、法律で認められた場合を除き、禁じられています。また購入者以外の第三者による本書のいかなる電子複製も一切認められていません。